跟着电网企业劳模学系列培训教材

配电网安全督查案例分析

国网浙江省电力有限公司　组编

内 容 提 要

本书是“跟着电网企业劳模学系列培训教材”之《配电网安全督查案例分析》分册，采用“项目一案例”结构进行编写，根据具体案例介绍培训对象所需掌握的相关规定、原因分析和防控措施。全书共介绍了施工作业现场安全措施、验电接地、安全帽、工器具、遮栏（围栏）及标示牌设置、施工作业质量、安全性票据案例和其他案例共八个方面的171案例。本书结合生产实际，关注基层班组发生的安全质量问题，具有针对性强、涵盖面广、分析深刻、措施实在等特点。

本书可供各级配电网作业人员和安全生产管理人员学习参考。

图书在版编目（CIP）数据

配电网安全督查案例分析 / 国网浙江省电力有限公司组编 . —北京：中国电力出版社，2020.7
跟着电网企业劳模学系列培训教材
ISBN 978-7-5198-4687-9

Ⅰ. ①配… Ⅱ. ①国… Ⅲ. ①配电系统－安全管理－案例－技术培训－教材
Ⅳ. ① TM727

中国版本图书馆 CIP 数据核字（2020）第 090846 号

出版发行：中国电力出版社
地　　址：北京市东城区北京站西街 19 号（邮政编码 100005）
网　　址：http://www.cepp.sgcc.com.cn
责任编辑：刘丽平　王蔓莉
责任校对：黄　蓓　郝军燕
装帧设计：张俊霞　赵姗姗
责任印制：石　雷

印　　刷：河北华商印刷有限公司
版　　次：2020 年 7 月第一版
印　　次：2020 年 7 月北京第一次印刷
开　　本：710 毫米 ×980 毫米　16 开本
印　　张：16
字　　数：226 千字
印　　数：0001—2000 册
定　　价：66.00 元

丛书序

国网浙江省电力有限公司在国家电网公司领导下，以努力超越、追求卓越的企业精神，在建设具有卓越竞争力的世界一流能源互联网企业的征途上砥砺前行。建设一支爱岗敬业、精益专注、创新奉献的员工队伍是实现企业发展目标、践行“人民电业为人民”企业宗旨的必然要求和有力支撑。

国网浙江公司为充分发挥公司系统各级劳模在培训方面的示范引领作用，基于劳模工作室和劳模创新团队，设立劳模培训工作站，对全公司的优秀青年骨干进行培训。通过严格管理和不断创新发展，劳模培训取得了丰硕成果，成为国网浙江公司培训的一块品牌。劳模工作室成为传播劳模文化、传承劳模精神，培养电力工匠的主阵地。

为了更好地发扬劳模精神，打造精益求精的工匠品质，国网浙江公司将多年劳模培训积累的经验、成果和绝活，进行提炼总结，编制了《跟着电网企业劳模学系列培训教材》。该丛书的出版，将对劳模培训起到规范和促进作用，以期加强员工操作技能培训和提升供电服务水平，树立企业良好的社会形象。丛书主要体现了以下特点：

一是专业涵盖全，内容精尖。丛书定位为劳模培训教材，涵盖规划、调度、运检、营销等专业，面向具有一定专业基础的业务骨干人员，内容力求精练、前沿，通过本教材的学习可以迅速提升员工技能水平。

二是图文并茂，创新展现方式。丛书图文并茂，以图说为主，结合典型案例，将专业知识穿插在案例分析过程中，深入浅出，生动易学。除传统图文外，创新采用二维码链接相关操作视频或动画，激发读者的阅读兴趣，以达到实际、实用、实效的目的。

三是展示劳模绝活，传承劳模精神。“一名劳模就是一本教科书”，丛书对劳模事迹、绝活进行了介绍，使其成为劳模精神传承、工匠精神传播的载体和平台，鼓励广大员工向劳模学习，人人争做劳模。

丛书既可作为劳模培训教材，也可作为新员工强化培训教材或电网企业员工自学教材。由于编者水平所限，不到之处在所难免，欢迎广大读者批评指正！

最后向付出辛勤劳动的编写人员表示衷心的感谢！

丛书编委会

前　言

配电网作为电力系统到用户的最后一环，与用户的联系最为紧密，对用户的影响也最为直接，因此保证配电网的安全是供电企业的重点工作内容。本书对171个配电网施工作业等方面案例进行剖析，意在提高读者的思想认识和技能水平，更好地提升配电网安全施工作业水平。

本书重点突出、详略得当，案例典型、图文并茂，努力做到与基层安全生产实际相结合，利于教学指导、易于自主学习。本书的特色主要体现在三个方面：一是针对性强。紧扣供电企业配电网安全生产实际，立足典型问题的有效解决，有的放矢，积极引导。二是可读性强。通过比照配电网安全生产规范，引入生动的典型案例，避免了简单的说教，易于理解和消化。三是指导性强。本书由浙江省劳动模范徐福生主编。他总结了自己在配电线路（设备）施工、检修、运行岗位工作40多年的经验成果，并针对多年现场安全督查中发现的安全质量问题，进行具体原因分析后提出操作性较强的防控措施。

本书在编写过程中得到了倪相生、宋沛尉、王挺等专家的大力支持，在此表示感谢！同时向参与本书审稿、业务指导的各位领导、专家和有关单位也致以诚挚的感谢！

由于水平所限，本书不足之处在所难免，敬请广大读者批评指正。

编　者

2020年4月

目 录

勤勤恳恳，尽力做好每一件事！

——劳模徐福生个人简介

徐福生

男，1959 年 11 月出生。1975 年 12 月参加工作，先后任国网浙江平湖市供电公司平湖供电所所长、乍浦供电所所长、当湖供电所所长、“徐福生工作室”主持人等职。具备国家注册二级建造师、国家注册安全工程师、浙江省电力公司首席技师、平湖市首席技师、配电线路高级技师、助理工程师等职业资格与专业技术职称。曾获平湖市劳动模范、嘉兴市劳动模范和浙江省劳动模范等荣誉称号。曾当选平湖市第十一届、十二届和十三届政协委员、嘉兴市第七届人大代表。

40 多年来，长期致力于配电线路施工、运行、检修、维护和员工培训工作，主要参与制作的国家电网有限公司《配电线路及设备运检》培训课件获评为浙江省电力公司“2014 年度优秀培训课件”。自编自导的《配电安规》视频教程填补了国家电网有限公司系统相关内容可视化空白，被国家电网有限公司安监部主办的音像杂志《电网安全》选用为培训教育课件。

项目一

施工作业现场安全措施案例

【项目描述】

本项目包含施工作业现场安全措施等内容。通过案例分析，了解施工作业现场安全措施问题；熟悉施工作业现场安全措施的相关规定要求；掌握施工作业现场设置安全措施的技能。

案例一　紧线时未设置临时拉线

【案例描述】

2013 年 4 月 18 日上午，检查扩建 20kV 配套出线工程工地。发现问题：①紧线时终端杆未设置临时拉线；②单相紧线时横担上未设置临时拉线，横担严重歪斜，如图 1-1 所示。

图 1-1　横担严重歪斜

【相关规定】

《国家电网公司电力安全工作规程（配电部分）》6.4.5：紧线、撤线前，应检查拉线、桩锚及杆塔。必要时，应加固桩锚或增设临时拉绳。

【原因分析】

紧线时终端杆未设置临时拉线，这是施工人员贪图省力的缘故，工作负责人也未尽到相应责任。单相紧线时横担上未设置临时拉线，忽视横担歪斜情况，存在潜在安全隐患。

【防控措施】

有必要规定紧线时终端杆必须设置临时拉线，单相紧线时横担上也必须设置临时拉线，这样能避免紧线时导线由于过牵引产生的超过永久拉线的承受力，不至于造成倒杆事故。横担上设置临时拉线，以平衡一相导线紧线时横担另一侧的不平衡张力。

案例二 拉线尚未做好，一相导线已经紧好

【案例描述】

2013年5月2日上午，检查10kV新明G825线分支线改接等工地。发现问题：拉线尚未做好，一相导线已经紧好，如图1-2所示。

图1-2 拉线尚未做好，一相导线已经紧好

【相关规定】

《国家电网公司电力安全工作规程（配电部分）》6.4.5：紧线、撤线前，应检查拉线、桩锚及杆塔。必要时，应加固桩锚或增设临时拉绳。

【原因分析】

拉线尚未做好，一相导线已经紧好，是严重违反安全规定和施工常识的行为。贪图一时的省力，可能会导致安全事故的发生。这属于施工人员，特别是工作负责人对安全隐患没有正确判断。

【防控措施】

应注重安全、技能的日常教育工作。可试行每月每项目部安全、技能教育不少于一次，作为一项考核内容。教育内容可由各项目部自行提出，主要针对本项目部的薄弱环节，由专业管理部门准备培训教材进行教育。时间可由各项目部和专业管理部门联系，尽量不影响正常工作。各班组也可参照此办法进行日常的安全、技能培训，以尽快提升安全、技能素质，

夯实安全基础。

案例三 安全措施还未全部完成，作业人员已在登杆

【案例描述】

2013 年 12 月 12 日上午，检查新建 10kV 文丰线 49～90 号杆架线工程工地。发现问题：安全措施还未全部完成，工作班成员已经在登杆作业了，如图 1-3 所示。

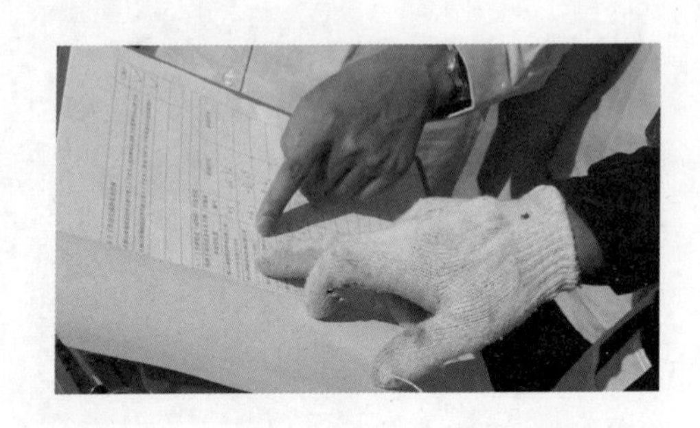

图 1-3 现场图片

【相关规定】

《国家电网公司电力安全工作规程（配电部分）》3.4.4：填用配电第一种工作票的工作，应得到全部工作许可人的许可，并由工作负责人确认工作票所列当前工作所需的安全措施全部完成后，方可下令开始工作。所有许可手续（工作许可人姓名、许可方式、许可时间等）均应记录在工作票上。

【原因分析】

安全措施还未全部完成，工作班成员已经在登杆作业了，这是把现场安全措施当儿戏，严重违反安全规定，性质严重的违规事件。工作时间过于紧张也是客观原因之一。

【防控措施】

安全措施还未全部完成，工作班成员已经在登杆作业了，无视现场安全措施的重要性，属于严重违反安全规定的行为，建议停工进行安全教育，特别是对工作负责人和班组长等骨干人员更要经常性地开展安全教育。

案例四 交跨 0.4kV 架空线路没有采取保护导线措施

【案例描述】

2014 年 10 月 16 日上午，检查小港台区 0.4kV 线路改造等工地。发现问题：交跨 0.4kV 架空线路没有采取保护导线措施，如图 1-4 所示。

图 1-4 交跨 0.4kV 架空线路没有采取保护导线措施

【相关规定】

《国家电网公司电力安全工作规程（配电部分）》6.4.2：交叉跨越各种线路、铁路、公路、河流等地方放线、撤线，应先取得有关主管部门同意，做好跨越架搭设、封航、封路、在路口设专人持信号旗看守等安全措施。

【原因分析】

交跨 0.4kV 架空线路没有采取保护导线措施，可能原因如下：①运行单位现场勘察时没有提出；②施工单位没有实施导线保护措施。在没有任何保护措施下进行撤线作业对被跨越的导线损害是很大的，同时存在安全隐患，可能会引发事故。

【防控措施】

交跨0.4kV架空线路没有采取保护导线措施，这种现象比较普遍，主要是运行单位没有提出保护要求，施工单位贪图省力，且导线磨损后难以认定事故责任。建议现场勘察时运行单位要把好跨越导线的保护关，提出相应的保护措施，明确写在现场勘察记录单上。施工班组要严格执行保护导线的相应措施，做到不使钢丝绳或导线直接接触被跨越的导线。运行单位应在工作许可前、后检查导线保护措施的落实情况，及时纠正任何有可能损害被跨越导线的行为，工作终结前应认真检查被跨越导线有无损伤，如有损伤，即拍照留下证据，然后根据损伤情况决定当场修复还是事后修复，由运行单位书面通知施工班组，并追究施工班组的安全责任和经济责任。

案例五　梯子上作业没有采取防滑措施

【案例描述】

2015年6月29日上午，检查配合环北公0.4kV主线大修调线等工程停电工作工地。发现问题：①监护人没有戴安全帽；②梯子上作业没有采取防滑措施，如图1-5所示。

图1-5　监护人没有戴安全帽且梯子上作业没有采取防滑措施

【相关规定】

《国家电网公司电力安全工作规程（配电部分）》2.1.6：进入作业现场应正确佩戴安全帽，现场作业人员还应穿全棉长袖工作服、绝缘鞋。17.4.1：梯子应坚固完整，有防滑措施。梯子的支柱应能承受攀登时作业人员及所携带的工具、材料的总重量。

【原因分析】

监护人没有戴安全帽和竹梯没人扶持，主要是作业人员平时缺少安全教育和培训，思想上对安全工作不予以重视，行为上放任安全管理的结果。

【防控措施】

建议加强对一线作业施工人员的安全工作管理和监督，使一线作业施工人员重视安全生产，切实落实执行各项现场安全措施，做到安全生产。

案例六　施工作业现场有自发电设备，没有采取相应的安全措施

【案例描述】

2017 年 4 月 7 日上午，检查新建公路（二期）供电线路迁移工程工地。发现问题：现场有两处自发电设备，没有采取相应的安全措施，如图 1-6～图 1-10 所示。

图 1-6　奥尼斯洁具公司自备电源正在发电

图 1-7 移动基站发电机

图 1-8 发电机接线不规范

图 1-9 双掷闸刀无法保证安全

图 1-10　高低压开关均未拉开

【相关规定】

《国家电网公司电力安全工作规程（配电部分）》3.2.3：现场勘察应查看检修（施工）作业需要停电的范围、保留的带电部位、装设接地线的位置、邻近线路、交叉跨越、多电源、自备电源、地下管线设施和作业现场的条件、环境及其他影响作业的危险点，并提出针对性的安全措施和注意事项。2.2.1：在多电源和有自备电源的用户线路的高压系统接入点，应有明显断开点。3.4.8：在用户设备上工作，许可工作前，工作负责人应检查确认用户设备的运行状态、安全措施符合作业的安全要求。作业前检查多电源和有自备电源的用户已采取机械或电气联锁等防反送电的强制性技术措施。

【原因分析】

施工所涉及线路有两处自发电，但现场勘察记录上没有填写。可能原因如下：①现场勘察没有发现；②发现了认为没有关系不必填写；③施工班组认为其相应的安全措施比较麻烦所以没有填写。

【防控措施】

现场勘察必须认真细心，特别现在自发电和分布式电源较多，要特别关注，认真勘察。发现有自发电或分布式电源的，必须全部填写在现场勘察记录上，并填写切实有效的安全措施。填写、签发工作票时，应根据现场勘察记录单填写的内容，填写现场应采取的安全措施。现场作业工作负责人应全面落实工作票上所列的所有现场安全措施，必要时加以补充完善。

案例七 发电机接线没有剩余电流动作保护器保护

【案例描述】

2017 年 10 月 20 日上午，检查 10kV 钟新线、八寺线迁移工程敷设电缆等工地。发现问题：发电机接线没有剩余电流动作保护器保护，如图 1-11 所示。

图 1-11 发电机接线没有剩余电流动作保护器保护

【相关规定】

《国家电网公司电力安全工作规程（配电部分）》14.4.1：连接电动机械及电动工具的电气回路应单独设开关或插座，并装设剩余电流动作保护装置，金属外壳应接地；电动工具应做到“一机一闸一保护”。

【原因分析】

发电机接线没有剩余电流动作保护器的保护，是思想上不够重视，行为上没有措施，明显违反《国家电网公司电力安全工作规程（配电部分）》14.4.1条规定的违规行为。

【防控措施】

建议专业管理部门发通知，规定使用发电机或电动工具时，必须使用剩余电流动作保护装置（建议使用带剩余电流动作保护装置的拖线盘），使用发电机和金属电动工具必须接地。

案例八 10kV幸福G519线7～9号杆作业地段没有一组接地线保护

【案例描述】

2018年3月20日上午，检查10kV当湖G114线等线路改造工程等工地。发现问题：①10kV幸福G519线6号杆装设了接地线，但7号杆断路器处在断开位置，造成7～9号杆作业地段没有一组接地线保护；②8号杆上方有110kV线路，没有采取防止感应电措施。如图1-12～图1-14所示。

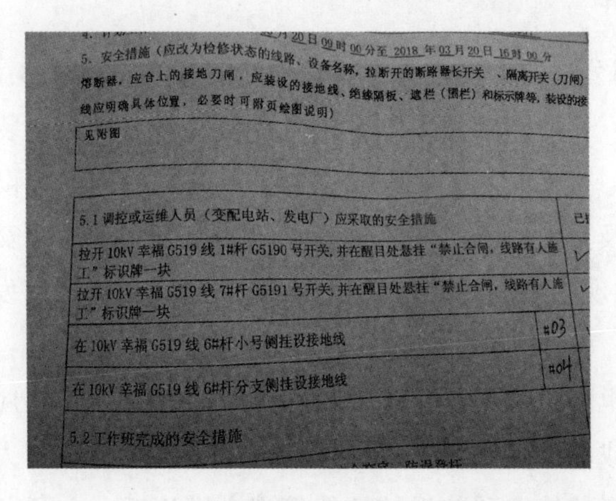
20日09时00分至2018年03月20日16时00分

5. 安全措施（应改为检修状态的线路、设备名称，拉断开的断路器长开关、隔离开关（刀闸）熔断器，应合上的接地刀闸，应装设的接地线、绝缘隔板、遮栏（围栏）和标示牌等，装设的接线应明确具体位置，必要时可附页绘图说明）

见附图

5.1 调控或运维人员（变配电站、发电厂）应采取的安全措施		已
拉开10kV幸福G519线1#杆G5190号开关，并在醒目处悬挂“禁止合闸，线路有人施工”标识牌一块		✓
拉开10kV幸福G519线7#杆G5191号开关，并在醒目处悬挂“禁止合闸，线路有人施工”标识牌一块		✓
在10kV幸福G519线6#杆小号侧挂设接地线	#03	
在10kV幸福G519线6#杆分支侧挂设接地线	#04	

5.2 工作班完成的安全措施

图1-12 7～9号杆实际上没有一组接地线保护

图 1-13　8 号杆上方 110kV 线路也没有防感应电措施

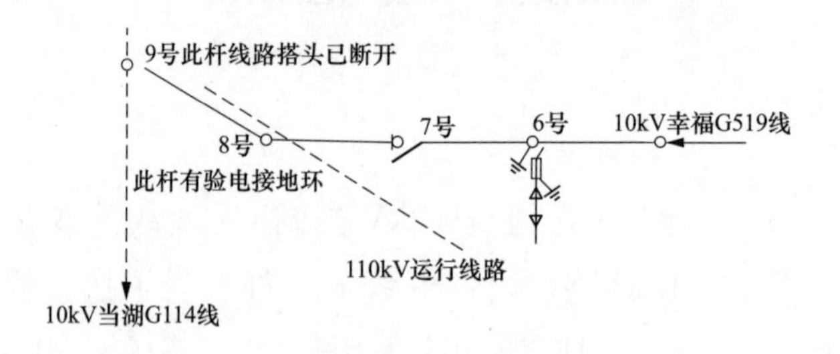

图 1-14　线路示意图

【相关规定】

《国家电网公司电力安全工作规程（配电部分）》3.2.3：现场勘察应查看检修（施工）作业需要停电的范围、保留的带电部位、装设接地线的位置、邻近线路、交叉跨越、多电源、自备电源、地下管线设施和作业现场的条件、环境及其他影响作业的危险点，并提出针对性的安全措施和注意事项。3.2.4：现场勘察后，现场勘察记录应送交工作票签发人、工作负责人及相关各方，作为填写、签发工作票等的依据。3.3.8.1：工作票由工作负责人填写，也可由工作票签发人填写。3.3.8.4：工作票应由工作票签发人审核，手工或电子签发后方可执行。3.4.1：各工作许可人应在完成工作票所列由其负责的停电和装设接地线等安全措施后，方可发出许可工作的命令。3.4.3：现场办理工作许可手续前，工作许可人应与工作负责人核对线路名称、设备双重名称，检查核对现场安全措施，指明保留带电部位。3.4.4：填用配电第一种工作票的工作，应得到全部工作许可人的许可，并由工作负责人确认工作票所列当前工作所需的安全措施全部完成后，方可下令开始工作。所有许可手续（工作许可人姓名、许可方式、许可时间等）均应记录在工作票上。4.2.4：对难以做到与电源完全断开的检修线路、设备，可拆除其与电源之间的电气连接。禁止在只经断路器（开关）断开电源且未接地的高压配电线路或设备上工作。4.4.1：当验明确已无电压后，应立即将检修的高压配电线路和设备接地并三相短路，工作地段各端和工作地段内有可能反送电的各分支线都应接地。4.4.7：作业人员应在接地线的保护范围内作业。禁止在无接地线或接地线装设不齐全的情况下进行高压检修作业。4.4.15：接地线、接地刀闸与检修设备之间不得连有断路器（开关）或熔断器。若由于设备原因，接地刀闸与检修设备之间连有断路器（开关），在接地刀闸和断路器（开关）合上后，应有保证断路器（开关）不会分闸的措施。4.4.12：对于因交叉跨越、平行或邻近带电线路、设备导致检修线路或设备可能产生感应电压时，应加装接地线或使用个人保安线，加装（拆除）的接地线应记录在工作票上，个人保安线由作业人员自行装拆。

【原因分析】

10kV 幸福 G519 线 6 号杆装设了接地线，但 7 号杆断路器处在断开位置，造成 7～9 号杆（支线侧）作业地段没有一组接地线保护。这是对整个工作地段处于实质性接地保护理解不够。因为一侧（1 号杆）已经停电，并在 6 号杆验电接地二组（包括电缆侧）；9 号杆支线侧带电作业拆除线路连接搭头，处于冷备用状态（9 号杆支线侧没有验电接地环，无法装设接地线）。问题在于带电作业需要 7 号杆负荷开关处于断开位置（带电断接引线确保没有负荷），这就事实上造成了 7 号杆（大号侧）至 9 号杆（支线侧）的工作地段没有一组接地线保护。8 号杆上方有 110kV 线路，没有采取防止感应电措施。这应该是现场勘察不够严谨，工作负责人现场没有能够根据实际情况补充增加现场安全措施所致（8号杆有验电接地环）。邻近（或交跨）高电压线路没有防止感应电措施，原因是：①现场勘察时没有要求采取防感应电措施；②工作负责人没有在现场补充完善防感应电措施；③工作班成员也没有及时指出，没有尽到互相关心施工安全的职责。究其原因主要是对感应电的危害性没有正确认识。

【防控措施】

加强对一线员工（特别是“三种人”）的安全技能教育，使他们能真正掌握接地线保护等安全知识，对比较复杂的情况有正确的判断，能够在现场勘察阶段、工作开始阶段发现问题，予以及时纠正。要高度重视邻近（或交跨）高电压线路防止感应电措施，对作业上方、平行或邻近有高压电力线路的施工作业必须采取防止感应电的安全措施。要从现场勘察着手，认真查勘现场，根据现场实际情况讨论确定防感应电的安全措施，包括在邻近或交跨处增设接地线（增设的接地线数量视现场情况而定）、工作班成员必须使用个人保安线等。工作票签发人应根据现场勘察记录中填写的安全措施，审核工作票中防止感应电的安全措施是否正确完备；工作负责人必须全面落实现场安全措施，必要时根据现场实际情况加以补充和完善，工作中应加强对该地段的监护，督促工作班成员正确、及时使用个人保安线，及时制止并纠正各类不安全现象；工作班成员发现现场防感应电措施不够完善或全面时，应向工作负责人提出，在补充或完善必要的安全措施后方能作业。

项目二

验电接地案例

》【项目描述】

本项目包含验电和接地线装设等内容。通过案例分析，了解验电和接地线装设问题；熟悉验电和接地线装设的相关规定要求；掌握验电和接地线装设的技能。

案例一　配电变压器低压侧接地线接在塑料线外皮上

》【案例描述】

2013 年 6 月 4 日上午，检查 10kV 红光 G146 线改造工程等工地。发现问题：配电变压器（后简称配变）低压侧接地线接在塑料线外皮上，如图 2-1 所示。

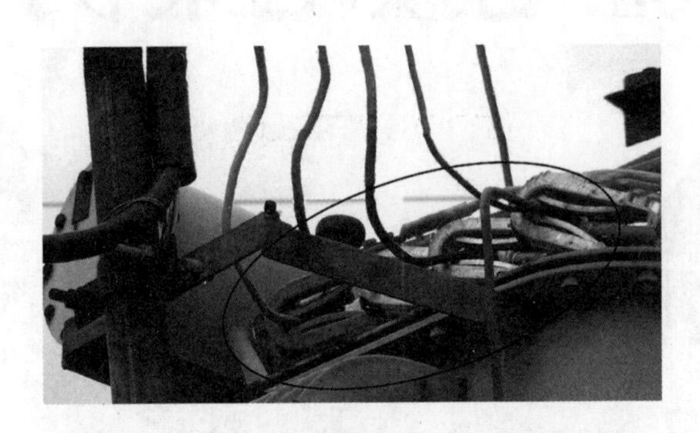

图 2-1　配变低压侧接地线接在塑料线外皮上

》【相关规定】

《国家电网公司电力安全工作规程（配电部分）》4.4.5：在配电线路和设备上，接地线的装设部位应是与检修线路和设备电气直接相连去除油漆或绝缘层的导电部分。绝缘导线的接地线应装设在验电接地环上。4.4.9：装设的接地线应接触良好、连接可靠。装设接地线应先接接地端、后接导体端，拆除接地线的顺序与此相反。

【原因分析】

配变低压侧接地线接在塑料线外皮上，不能起到接地线作用。这是思想麻痹的问题，也是现场勘察不认真不仔细的问题，施工班成员在现场装设接地线时也没有提出来，以致这种问题屡屡发生。

【防控措施】

要避免配变低压侧接地线接在塑料线外皮上，需做到：①提升现场勘察的实际效果；②发现问题及时提出，而不要碍于面子不敢提或不想提或根本就没想到要提；③新设计的线路设备要充分考虑到验电接地的实际需要，保证检修的安全；④运行人员对原有线路设备没有验电接地环的尽快摸清底细，安排计划，逐步落实安装验电接地环，从根本上消除这类现象。

案例二 验电时未戴绝缘手套

【案例描述】

2013 年 7 月 12 日上午，检查 10kV 解放 G223 线解西分线大修调线等工地。发现问题：验电时未戴绝缘手套，如图 2-2 所示。

图 2-2 验电时未戴绝缘手套

【相关规定】

《国家电网公司电力安全工作规程（配电部分）》4.3.3：高压验电时，人体与被验电的线路、设备的带电部位应保持规定的安全距离。使用伸缩式验电器，绝缘棒应拉到位，验电时手应握在手柄处，不得超过护环，宜戴绝缘手套。

【原因分析】

验电时未戴绝缘手套，经了解为该施工队未把绝缘手套带到现场，平时类似事件也时有发生，无人发现，无人指出，无人制止，说明作业人员对《国家电网公司电力安全工作规程（配电部分）》的执行极不认真，而工作负责人也熟视无睹，听之任之。

【防控措施】

验电时没戴绝缘手套，这类明显违反安全规定的行为应严肃处理。应加强对施工全过程的督查指导，发现问题及时指出。每季度至少开展一次安全技能知识教育，提升施工人员安全意识和生产技能。对停电、验电、装设接地线工序加强督查和指导，分析其违规后果，要经常教育施工人员特别是监护人员和工作负责人严格按安全规定要求，一丝不苟地执行，倒逼作业人员自觉遵守安全规定，规范停电、验电、装设接地线作业。

案例三　接地体插在空隙中

【案例描述】

2013年8月9日上午，检查10kV大旗G215线洁具城配变新建工程工地。发现问题：接地体插在空隙中，接触不良，如图2-3所示。

图 2-3　接地体插在空隙中

【相关规定】

《国家电网公司电力安全工作规程（配电部分）》4.4.14：杆塔无接地引下线时，可采用截面积大于 $190mm^2$（如 $\phi16$ 圆钢）、地下深度大于 0.6m 的临时接地体。土壤电阻率较高地区如岩石、瓦砾、沙土等，应采取增加接地体根数、长度、截面积或埋地深度等措施改善接地电阻。4.4.9：装设的接地线应接触良好、连接可靠。装设接地线应先接接地端、后接导体端，拆除接地线的顺序与此相反。

【原因分析】

接地体插在空隙中，接触不良。这是图方便贪省力的表现。接地体需插入地下不少于 0.6m，这在硬地上是比较困难的，也是比较费劲的，工作人员为图方便、省力，见电杆边上正好有空隙，就顺便插入，却不知这样插进去时虽然方便省力，但接地电阻达不到要求，起不到接地线应有的接地保护作用。

【防控措施】

要教育员工理解接地线的功能和起到的作用，在现场装设的时候应检查接地线的连接部位、连接线及其他部件良好，插入地下部分和导线连接部分应接触紧密、良好，监护人在监护工作人员装设接地线保证安全的同时，也应监护、查看接地线是否完好无损、装设位置是否妥当合适、装设质量是否符合要求。

案例四　接地线连接不可靠

【案例描述】

2013 年 8 月 14 日上午，检查 10kV 秀溪 G154 线石泉港台区配变迁移等工地。发现问题：接地线连接不可靠，如图 2-4 所示。

图 2-4　接地线连接不可靠

【相关规定】

《国家电网公司电力安全工作规程（配电部分）》4.4.14：杆塔无接地引下线时，可采用截面积大于 190mm^2（如 ϕ16 圆钢）、地下深度大于 0.6m 的临时接地体。土壤电阻率较高地区如岩石、瓦砾、沙土等，应采取增加接地体根数、长度、截面积或埋地深度等措施改善接地电阻。4.4.9：装设的接地线应接触良好、连接可靠。装设接地线应先接接地端、后接导体端，拆除接地线的顺序与此相反。

【原因分析】

接地线连接不可靠，说明对安全工器具的检查不够仔细、认真，未充分认识到接地线所起的作用。作业人员和监护人员没有认真装设、认真监护，对现场接地线的装设质量不够重视。

【防控措施】

要加强对员工的教育培训，使其明白接地线的功能和所起到的作用，明确装设接地线时应检查连接部位、连接线及其他部件是否良好，导线连接部分应接触紧密、良好，监护人在监护工作人员装设接地线保证安全的同时，也应监护、查看接地线是否完好无损、装设位置是否妥当合适、装设质量是否符合要求。

案例五　装设接地线前未使用验电器进行验电

【案例描述】

2013 年 9 月 2 日上午，检查石墙屋台区 0.4kV 线路改造工地。发现问题：装设接地线前未使用验电器进行验电，所图 2-5 所示。

图 2-5　装设接地线前未使用验电器进行验电

【相关规定】

《国家电网公司电力安全工作规程（配电部分）》4.3.1：配电线路和设备停电检修，接地前，应使用相应电压等级的接触式验电器或测电笔，在装设接地线或合接地刀闸处逐相分别验电。

【原因分析】

装设接地线前不使用验电器进行验电，这是各项目部都存在的不良习惯。许多项目部没有验电器，久而久之装设接地线前不验电形成了习惯性违章。

【防控措施】

装设接地线前不使用验电器进行验电，是极其严重的违反安全规定现象。为避免该现象发生：①建议对项目部进行检查，查看是否配置了相应电压等级的合格验电器，每个项目部最少分别配置 2 支各级电压等级的合格验电器（并相应配置绝缘手套）；②严格要求装设接地线前必须使用相应电压等级、合格的验电器进行验电，并予以重点关注，以杜绝此类事件的发生。

案例六　验电、接地无人监护

【案例描述】

2013 年 11 月 26 日上午，检查 10kV 某置业有限公司 315kVA 临时变业扩，立杆及配变安装等工地。发现问题：验电、装设接地线无人监护，如图 2-6 所示。

【相关规定】

《国家电网公司电力安全工作规程（配电部分）》4.3.1：配电线路和设备停电检修，接地前，应使用相应电压等级的接触式验电器或测电笔，在装设接地线或合接地刀闸处逐相分别验电。室外低压配电线路和设备验电

图 2-6 验电、装设接地线无人监护

宜使用声光验电器。架空配电线路和高压配电设备验电应有人监护。4.4.4：装设、拆除接地线应有人监护。

【原因分析】

装设接地线时无人监护，可能与人员紧张有关系，但再紧张也需保证安全施工。《国家电网公司电力安全工作规程（配电部分）》中明确规定装设接地线要在监护下进行，是为了避免在装设接地线环节中由于各种原因发生意外，而工作负责人和施工人员对此未引起重视。

【防控措施】

装设接地线时必须有人监护，且必须由具有监护资格的人员担任。建议专业主管部门考虑，在工作票装设接地线栏内增设操作人、监护人签名栏，或另行附页作为工作票的附件。

案例七 穿越未经验电接地的低压线路对高压线路验电接地

【案例描述】

2014 年 5 月 13 日上午，检查 10kV 周广 G132 线工程等工地。发现同题：在同杆架设低压线路接地线未挂设情况下对高压线路进行验电、接地，如图 2-7 所示。

图 2-7　穿越未经验电接地的低压线路对高压线路验电接地

【相关规定】

《国家电网公司电力安全工作规程（配电部分）》4.3.4：对同杆（塔）架设的多层电力线路验电，应先验低压、后验高压，先验下层、后验上层，先验近侧、后验远侧。禁止作业人员越过未经验电、接地的线路对上层、远侧线路验电。

【原因分析】

在同杆架设低压线路接地线未挂设情况下对高压线路进行验电、接地，认为低压线路已经停电了，不存在安全风险，贸然登杆穿越未经验电接地的低压线路，安全意识淡薄。

【防控措施】

在同杆架设低压线路接地线未挂设情况下对高压线路进行验电、接地，严重违反了《国家电网公司电力安全工作规程（配电部分）》规定，一定要引起足够重视。对这类问题，建议予以通报批评，引以为鉴，严防类似事件的再次发生。同时在现场勘察时，应一并要求同杆架设的低压线路停电、验电并接地、避免引起验电，装设接地线人员的触电危险。

案例八 用个人保安线代替接地线使用

【案例描述】

2014 年 5 月 13 日上午，检查 10kV 周广 G132 线工程等工地。发现问题：用个人保安线代替接地线使用，如图 2-8 所示。

图 2-8 用个人保安线代替接地线使用

【相关规定】

《国家电网公司电力安全工作规程（配电部分）》4.4.1：当验明确已无电压后，应立即将检修的高压配电线路和设备接地并三相短路，工作地段各端和工作地段内有可能反送电的各分支线都应接地。4.4.13：成套接地线应用有透明护套的多股软铜线和专用线夹组成，接地线截面积应满足装设地点短路电流的要求，且高压接地线的截面积不得小于 25mm^2，低压接地线和个人保安线的截面积不得小于 16mm^2。接地线应使用专用的线夹固定在导体上，禁止用缠绕的方法接地或短路。禁止使用其他导线接地或短路。

【原因分析】

用个人保安线代替接地线使用，主要原因是没有准备好低压接地线，可能是现场勘察时遗漏所致。现场作业人员或工作负责人（监护人）意识到问题后，无奈之下使用个人保安线来代替接地线。

【防控措施】

接地线和个人保安线两者功能不一致，建议对工作负责人（监护人）和工作班成员进行专业教育培训。另外，在现场勘察时要认真细心，对同杆架设的低压线路应一并要求停电、验电并接地，从组织措施上落实装设接地线的工作。

案例九　工作班成员擅自移动接地线临时接地体

【案例描述】

2014 年 6 月 3 日上午，检查跃进河台区 0.4kV 东出线改造调杆等工地。发现问题：工作班成员擅自移动接地线临时接地体，如图 2-9 所示。

图 2-9　工作班成员擅自移动接地线临时接地体

【相关规定】

《国家电网公司电力安全工作规程（配电部分）》4.4.4：装设、拆除接地线应有人监护。4.4.7：作业人员应在接地线的保护范围内作业。禁止在无接地线或接地线装设不齐全的情况下进行高压检修作业。4.4.8：装设、拆除接地线均应使用绝缘棒并戴绝缘手套，人体不得碰触接地线或未接地的导线。4.4.9：装设的接地线应接触良好、连接可靠。装设接地线应先接接地端、后接导体端，拆除接地线的顺序与此相反。

【原因分析】

工作班成员擅自移动接地线临时接地体，是严重违反安全规定的行为，极易造成人员触电伤亡事故。工作班成员因为接地引下线影响立杆施工就临时移动接地体，工作班其他成员和工作负责人也没有及时予以制止，说明这种严重违规行为在该施工队伍中存在一定的共性。

【防控措施】

建议专业主管部门和项目部全体人员共同学习国家电网有限公司相关事故通报，结合自己日常的施工情况，进行分析讨论，并举一反三，提出符合施工实际的针对性措施，予以改进落实。

案例十　没有得到工作负责人的指令擅自登杆准备验电接地

【案例描述】

2014 年 6 月 5 日上午，检查 10kV 蔡家村台区公用变压器（后简称公变）增容及愚桥新村台区公变迁移等工地。发现问题：没有得到工作负责人的指令，擅自登杆准备验电接地，如图 2-10 所示。

图 2-10 在没有得到工作负责人的指令时擅自登杆准备验电接地

【相关规定】

《国家电网公司电力安全工作规程（配电部分）》3.5.1：工作许可后，工作负责人、专责监护人应向工作班成员交代工作内容、人员分工、带电部位和现场安全措施，告知危险点，并履行签名确认手续，方可下达开始工作的命令。3.3.12.5 工作班成员：①熟悉工作内容、工作流程，掌握安全措施，明确工作中的危险点，并在工作票上履行交底签名确认手续。②服从工作负责人（监护人）、专责监护人的指挥，严格遵守本规程和劳动纪律，在指定的作业范围内工作，对自己在工作中的行为负责，互相关心工作安全。③正确使用施工机具、安全工器具和劳动防护用品。

【原因分析】

没有得到工作负责人的指令，工作班成员为了赶时间，冒险、盲目、擅自登杆准备验电接地，监护人员也未加以制止，是极其严重的违规行为。从该施工队伍该次施工的现场行为可以看出，该施工队伍把施工进度放在比施工安全更重要的位置，为了抢时间，赶进度，在没有得到工作负责人的指令下擅自登杆准备验电接地。

【防控措施】

建议专业主管部门和项目部人员一起学习《国家电网公司电力安全工作规程（配电部分）》相关条款，讨论分析违规的可能后果或危害，真正从思想上予以重视，做到任何时间、任何地点、任何情况下都必须把施工安全放在施工进度的前面，施工中任何事情或情况都必须服从于安全管理，真正做到安全、有序、优质、高效施工作业。

案例十一 接地线直接装设在绝缘导线上

【案例描述】

2014 年 6 月 10 日上午，检查白马堰小区 10kV 高压配套工程，安装开关等工地。发现问题：接地线直接装设在绝缘导线上，且装设不牢固，一相接地线掉落空中，如图 2-11 所示。

图 2-11 接地线直接装设在绝缘导线上

【相关规定】

《国家电网公司电力安全工作规程（配电部分）》4.4.5：在配电线路和设备上，接地线的装设部位应是与检修线路和设备电气直接相连去除油漆或绝缘层的导电部分。绝缘导线的接地线应装设在验电接地环上。4.4.9：装设的接地线应接触良好、连接可靠。装设接地线应先接接地端、后接导体端，拆除接地线的顺序与此相反。

【原因分析】

接地线直接装设在绝缘导线外皮上，表面看是施工人员形式主义，深层分析是现场勘察人员不认真、不仔细所为。若现场勘察人员能注意到这个问题，就可采取其他措施予以避免。接地线装设不牢靠，一相接地线掉落空中，这样的接地线不一定能起到接地线的保护作用。施工人员不能形式主义，马虎地装设接地线，害人害己。

【防控措施】

绝缘导线上装设接地线是经常发生的，主要原因是现场勘察不够认真仔细。现场勘察时应重视接地线的具体装设设置，仔细勘察拟装设接地线的绝缘导线上有没有验电接地环，避免随意装设接地线甚至将接地线装设在绝缘导线外皮上的严重违规现象发生。应在强对现场勘察质量的重视，提高勘察人员的责任感，对由于勘察原因造成无法装设接地线等的现象，应在考核施工人员的同时考核勘察人员，倒逼勘察人员认真仔细地做好每一项勘察工作。对安全措施做形式、敷衍了事行为的单位，应停产整顿，分析其利弊和后果，促使安全措施实在、适用，在认识问题严重性的前提下，让施工单位自己提出整改措施，经专门主管部门审核同意并考核处理后，再行复工。

案例十二 接地线编号不符

【案例描述】

2014年7月18日上午，检查钱家村台区0.4kV线路改造工程等工地。发现问题：现场装设的接地线编号为14号，工作票上却没有14号接地线，如图 2-12 所示。

图 2-12 现场装设的接地线有编号而工作票上没有

【相关规定】

《国家电网公司电力安全工作规程（配电部分）》14.1.6：机具和安全工器具应统一编号，专人保管。入库、出库、使用前应检查。禁止使用损坏、变形、有故障等不合格的机具和安全工器具。

【原因分析】

现场装设的接地线编号为 14 号，工作票上没有 14 号接地线。据事后了解，该接地线的实际编号不是 14 号，工作票上填写的接地线编号确实是接地线的实际编号。但该接地线绝缘棒上显著位置涂写的编号和实际编号不一致，凸显了该项目部对接地线的日常管理存在欠缺、不当。

【防控措施】

对接地线的编号应加强管理，绝缘棒上的编号应与接地线的实际编号一致，如接地线整修后各部位的编号不一致，应及时修改，确保在现场使用时各部位编号一致。

案例十三　接地线没有装设在验电接地环上

【案例描述】

2014 年 7 月 28 日上午，检查 10kV 马厩 G849 线 75～76 号杆断线抢修工作等工地。发现问题：接地线没有装设在验电接地环上，如图 2-13 所示。

图 2-13　接地线没有装设在验电接地环上

【相关规定】

《国家电网公司电力安全工作规程（配电部分）》4.4.5：在配电线路和设备上，接地线的装设部位应是与检修线路和设备电气直接相连去除油漆或绝缘层的导电部分。绝缘导线的接地线应装设在验电接地环上。

【原因分析】

绝缘导线上的接地线没有装设在验电接地环上，是目前比较普遍的现象。由于以前施工对绝缘导线上安装验电接地环没有予以充分重视，绝缘导线上验电接地环安装数量少，使得目前施工绝缘导线上没有验电接地环可使用。

【防控措施】

要充分考虑接地线无处可挂的问题，如果临时挂设在绝缘导线上则违反了《国家电网公司电力安全工作规程（配电部分）》规定，如果一定要挂设在验电接地环上，则必将扩大停电范围和时间。所以应特别重视这个问题，建议结合停电检修机会或安排带电作业尽快充分、合理、全面加装验电接地环。

案例十四　拆除高压接地线没戴绝缘手套，且手还在导线上

【案例描述】

2014 年 8 月 11 日上午，检查 10kV 赵家埭台区公变及配电箱、电缆调换等工地。发现问题：拆除高压接地线没戴绝缘手套，且手还在导线上，如图 2-14 所示。

图 2-14　拆除高压接地线没戴绝缘手套

【相关规定】

《国家电网公司电力安全工作规程（配电部分）》4.4.4：装设、拆除接地线应有人监护。4.4.8：装设、拆除接地线均应使用绝缘棒并戴绝缘手套，人体不得碰触接地线或未接地的导线。

【原因分析】

拆除接地线没戴绝缘手套，而且手还在拆除接地线后的导线上，说明施工人员安全基础知识相当缺乏，对《国家电网公司电力安全工作规程（配电部分）》要求知之甚少，工作负责人也听之任之，熟视无睹。

【防控措施】

验电、装设接地线不使用绝缘手套的问题，应该由专业主管部门加强监督和管理，使作业人员养成习惯，只有思想上重视了，其他问题才可以迎刃而解。应对各项目部的绝缘手套、验电器的配置进行调研，若确实在正常工作中器具不够使用，应统一督促添置。应加强对作业人员进行安全知识教育，避免各类违规事件的发生。

案例十五 擅自加长接地线

【案例描述】

2014 年 9 月 28 日上午，检查 10kV 文丰 G135 线改接工程等工地。发现问题：接地线不够长，工作人员将接地体拔出后拿在手里准备加长，但导体端（一相）已挂在导线上，如图 2-15 所示。

图 2-15 接地线不够长擅自加长

【相关规定】

《国家电网公司电力安全工作规程（配电部分）》4.4.8：装设、拆除接地线均应使用绝缘棒并戴绝缘手套，人体不得碰触接地线或未接地的导线。4.4.9：装设的接地线应接触良好、连接可靠。装设接地线应先接接地端、后接导体端，拆除接地线的顺序与此相反。

【原因分析】

接地线不够长，工作人员将接地体拔出后拿在手里准备加长，但导体端（一相）已挂在导线上，这是因为没有知晓装设接地线的要求、原理及人体串入接地线中可能造成的后果。国家电网有限公司系统曾出现因为接地线接地体没有接地而导线端已经装设在导线上，工作人员拿着接地体串入其中而致触电死亡的事故，这都是血的教训，必须引起重视。

【防控措施】

装设接地线的问题很多，该案例属于其中比较严重的一种。建议对各个施工队伍进行一次“国网某供电公司 2014 年 4 月 8 日因装设接地线违规而触电死亡的事故通报”专题学习会，结合本单位实际，摆问题，提建议，议措施，促落实，切实改进装设接地线问题，避免类似事故的发生。

案例十六　分支箱内无法装设线路接地线

【案例描述】

2014 年 10 月 16 日上午，检查三北新村 1 号公变 0.4kV 1～9 号分支箱调换等工地。发现问题：分支箱内无法装设线路接地线，如图 2-16 所示。

图 2-16　分支箱内无法装设线路接地线

【相关规定】

《国家电网公司电力安全工作规程（配电部分）》4.4.2：当验明检修的低压配电线路、设备确已无电压后，至少应采取以下措施之一防止反送电：①所有相线和零线接地并短路。②绝缘遮蔽。③在断开点加锁、悬挂“禁止合闸，有人工作!”或“禁止合闸，线路有人工作!”的标示牌。

【原因分析】

分支箱内线路接地线无法装设，这个问题应该是现场勘察时没能注意，也是平时对配电箱（计量箱）内工作的安全措施不重视的体现。

【防控措施】

针对分支箱内线路接地线无法装设问题，建议各生产班组配备一定数量的配电箱专用接地线（有专利产品），各项目部也应配备不少于两组的专用接地线，以解决各类配电箱内线路接地线无法接地的实际问题。其他也可根据实际情况和工作内容，采用绝缘遮蔽或在断开点加锁、悬挂“禁止合闸，有人工作!”或“禁止合闸，线路有人工作!”的标示牌等安全措施。

案例十七　临时接地线和接地体连接螺栓松动

【案例描述】

2014 年 10 月 16 日上午，检查小港台区 0.4kV 线路改造等工地。发现问题：临时接地线和接地体连接螺栓松动，如图 2-17 所示。

图 2-17 临时接地线和接地体连接螺栓松动

【相关规定】

《国家电网公司电力安全工作规程（配电部分）》4.4.9：装设的接地线应接触良好、连接可靠。装设接地线应先接接地端、后接导体端，拆除接地线的顺序与此相反。

【原因分析】

临时接地线和接地体连接螺栓松动，说明施工班组对安全工器具的保养、整修极不重视，使用前的检查也没有认真进行。

【防控措施】

对接地线等应加强平时的保养、整修和检查，平时经常给予保养和检修，以保证使用时可用、适用、安全、顺当。使用前的检查也应认真进行。同时建议改进接地线和接地体的连接方式，改一个连接螺栓为两个连接螺栓，从装置上减少连接螺栓松动的可能性。

案例十八 擅自变更现场安全措施

【案例描述】

2015 年 2 月 8 日上午，检查三友新村北公变 0.4kV 线路拉线迁移工地。发现问题：路灯控制箱内接地线放在箱内，没有接在导体上（因无法装设），而是改由将线头拆除，如图 2-18 所示。

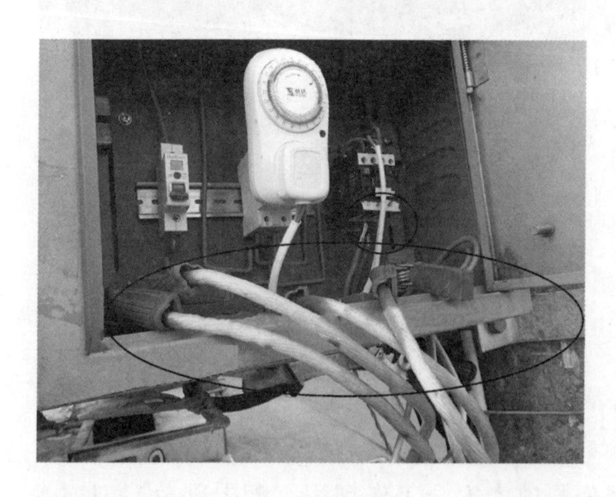

图 2-18 接地线没有接在导体上（因无法装设），而是改由将线头拆除

【相关规定】

《国家电网公司电力安全工作规程（配电部分）》3.4.10：工作负责人、工作许可人任何一方不得擅自变更运行接线方式和安全措施，工作中若有特殊情况需要变更时，应先取得对方同意，并及时恢复，变更情况应及时记录在值班日志或工作票上。

【原因分析】

由于现场勘察不认真、不仔细，造成实际路灯控制箱内无法装设接地线。工作人员没办法只能把出线拆除，但没有把接地线装设在拆除的线头上而是任意搁在路灯控制箱中。

【防控措施】

现场勘察应认真、仔细，特别是各类配电箱、柜内的接地线位置都要打开箱盖实际观察，不能想当然。工作人员现场发现问题，应和工作负责人或工作票签发人（操作票指令人）联系，不能自行其是。

案例十九 接地线装设太远

【案例描述】

2015 年 5 月 23 日上午，检查 10kV 新建塘桥线齐心线工程等工地。发现问题：被跨越的 0.4kV 线路交跨点在 7 号杆和 8 号杆之间，但配合停电接地线装设在 1 号杆，现场看不到。如图 2-19 和图 2-20 所示。

图 2-19 接地线装设在杨家沼南线 1 号杆

图 2-20 交跨点在杨家沼南线 7 号杆和 8 号杆之间

【相关规定】

《国家电网公司电力安全工作规程（配电部分）》4.4.3：配合停电的交

叉跨越或邻近线路，在线路的交叉跨越或邻近处附近应装设一组接地线。配合停电的同杆（塔）架设线路装设接地线要求与检修线路相同。

【原因分析】

被跨越的0.4kV线路交跨点在7号杆和8号杆之间，但配合停电接地线装设在1号杆，现场看不到。在规定“配合停电的交叉跨越或邻近线路，在线路的交叉跨越或邻近处附近应装设一组接地线”中所说的附近，应是工作人员在线路的交叉跨越或邻近处能看到的地方。而这里所装设的接地线在转了几个弯以外的1号杆上，明显违反了上述规定，也不利于现场安全管控。

【防控措施】

配合停电的交叉跨越或邻近线路，应在线路的交叉跨越或邻近处能看到的尽可能近的地方装设接地线，这样有利于现场安全管控，如接地线有掉落、偷盗等现象可及时发现。

案例二十　接地线断股

【案例描述】

2016年10月18日上午，检查10kV曹兑G105线曹兑6号环网柜迁移工程等工地。发现问题：接地线断股，如图2-21所示。

【相关规定】

《国家电网公司电力安全工作规程（配电部分）》14.5.5：成套接地线：①接地线的两端夹具应保证接地线与导体和接地装置都能接触良好、拆装方便，有足够的机械强度，并在大短路电流通过时不致松脱。②使用前应检查确认完好，禁止使用绞线松股、断股、护套严重破损、夹具断裂松动的接地线。

图 2-21 接地线断股

【原因分析】

临时接地线断股，说明平时对安全工器具的检查使用是极不认真严肃的，工作负责人和装设接地线时的监护人都没能检查和注意到，没有尽到安全职责。

【防控措施】

应加强对项目部工器具的检查，建议开展一次巡回检查，对各项目部的工器具检查，对发现的问题开展讨论和分析，帮助提高各项目部工器具的保管、检查和整修水平。工作负责人和监护人等也要加强对作业现场使用的安全工器具进行检查，确保安全工器具真正能够起到保证安全作业的作用。

案例二十一 接地线与导体接触不良

【案例描述】

2018 年 9 月 27 日上午，检查吴村头公变 0.4kV 北线 1 号杆～12 号杆等调换导线及接户线等工地。发现问题：接地线与导体接触不良，如图 2-22 所示。

图 2-22 接地线与导体接触不良

【相关规定】

《国家电网公司电力安全工作规程（配电部分）》4.4.9：装设的接地线应接触良好、连接可靠。装设接地线应先接接地端、后接导体端，拆除接地线的顺序与此相反。

【原因分析】

接地线装设接触不良，随意挂在导线上，没有拉紧，主要原因是没有意识到接地线的重要性，认为拉紧后拆除时比较麻烦，这样挂不仔细看很难看出接地线未挂到位，存在一定的蒙蔽嫌疑。杆上作业人员贪图省力，监护人员未发现或指出并纠正，均存在工作失误。

【防控措施】

接地线装设必须接触良好，操作人员工作必须认真、到位，不能敷衍了事。监护人员必须认真监护操作人员的每一步操作动作是否正确规范，发现违规应立即纠正。建议对这一事件严肃处理并通报，以警示和教育其本人和其他作业人员。

案例二十二 验电接地现场没有验电器和绝缘手套

【案例描述】

2018 年 11 月 13 日上午，检查农电站台区 0.4kV 北 A 线 6 号杆～8 号杆拆除导线等工地。发现问题：验电接地现场没有验电器和绝缘手套，如图 2-23 所示。

图 2-23 验电接地现场没有验电器和绝缘手套

【相关规定】

《国家电网公司电力安全工作规程（配电部分）》4.3.1：配电线路和设备停电检修，接地前，应使用相应电压等级的接触式验电器或测电笔，在装设接地线或合接地刀闸处逐相分别验电。4.3.3：高压验电时，人体与被验电的线路、设备的带电部位应保持规定的安全距离。使用伸缩式验电器，绝缘棒应拉到位，验电时手应握在手柄处，不得超过护环，宜戴绝缘手套。4.4.8：装设、拆除接地线均应使用绝缘棒并戴绝缘手套，人体不得碰触接地线或未接地的导线。

【原因分析】

验电接地现场没有验电器和绝缘手套，装设接地线没有使用绝缘手套，不能确定是习惯性违章还是偶尔疏忽。验电接地是基本的安全措施，没有验电器进行验电，不戴绝缘手套进行验电接地，说明有些施工班组安全意识非常淡薄，工作班成员和工作负责人都已熟视无睹，见怪不怪。

【防控措施】

建议改进安全督察时间和方式，从配合停电到验电接地、竣工送电，都应纳入安全督察范围。建议强化项目经理责任心，对严重违规的现象，在追究施工班组责任的同时，要追究项目经理的责任。

案例二十三　作业的基建线路和带电线路平行及交叉，没有验电接地

【案例描述】

2018 年 12 月 12 日上午，检查 20kV 镇南 B348 线新建锦鑫箱包一级支线 1 号杆安装开关、吊装电缆等工地。发现问题：作业的基建线路和带电线路平行及交叉，没有验电接地，如图 2-24 所示。

图 2-24　作业的基建线路和带电线路平行及交叉时没有验电接地

【相关规定】

《国家电网公司电力安全工作规程（配电部分）》4.4.12：对于因交叉

跨越、平行或邻近带电线路、设备导致检修线路或设备可能产生感应电压时，应加装接地线或使用个人保安线，加装（拆除）的接地线应记录在工作票上，个人保安线由作业人员自行装拆。

【原因分析】

出现该问题的主要原因是缺乏防止感应电和雷电意识；也可能是工作人员怕麻烦，不愿多装设一组接地线。

【防控措施】

建议专业主管部门规定：未投入运行的基建配电线路施工作业，至少应装设一组接地线，以防止感应电、雷电对作业人员可能造成的伤害。

案例二十四　验电时一只手握在验电器中间

【案例描述】

2018 年 12 月 12 日上午，检查 10kV 福臻小区 5 号箱变调换工程等工地。发现问题：验电时一只手握在验电器中间，如图 2-25 所示。

【相关规定】

《国家电网公司电力安全工作规程（配电部分）》4.3.3：高压验电时，人体与被验电的线路、设备的带电部位应保持规定的安全距离。使用伸缩式验电器，绝缘棒应拉到位，验电时手应握在手柄处，不得超过护环，宜戴绝缘手套。

图 2-25　验电时一只手握在验电器中间

【原因分析】

验电人员对验电器使用缺乏正确认识，监护人员（工作负责人）也没有意识、发现并及时指出纠正。

【防控措施】

严格执行《国家电网公司电力安全工作规程（配电部分）》规定，验电时要至少保持0.7m（10kV及以下）安全距离，伸缩式验电器的绝缘棒应拉到位，手应握在手柄处，不得超过护环，宜戴绝缘手套。验电时应有人监护，发现有任何违反安全规定的行为，监护人应及时制止纠正。

项目三

安全帽案例

【项目描述】

本项目包含安全帽正确佩戴等内容。通过案例分析，了解安全帽正确佩戴问题；熟悉安全帽正确佩戴的相关规定要求；掌握安全帽正确佩戴的技能。

案例一　工作负责人未戴安全帽

【案例描述】

2013 年 1 月 17 日下午，检查 10kV 曹兑 G105 线分线改造等工地。发现问题：工作负责人未戴安全帽，如图 3-1 所示。

图 3-1　工作负责人未戴安全帽

【相关规定】

《国家电网公司电力安全工作规程（配电部分）》2.1.6：进入作业现场应正确佩戴安全帽，现场作业人员还应穿全棉长袖工作服、绝缘鞋。

【原因分析】

工作负责人未戴安全帽，说明从工作负责人到工作班成员的作业现场安全管理存在问题。工作负责人未戴安全帽，性质更为严重，工作班成员也没有发现指出，会在工作班组内带来一定的负面影响。

【防控措施】

工作负责人带头违规，应视违规情况严重程度，给予撤销工作负责人资格、扣罚工程款、通报批评等处罚。同时应鼓励和奖励员工正确抵制违章指挥、违章作业等，一经发现核实，可根据相关规定给予一定的奖励和通报表扬，弘扬正气，形成互相关心工作安全的良好氛围。

案例二　汽吊驾驶员未戴安全帽

【案例描述】

2013 年 6 月 25 日上午，检查 10kV 庆丰 G143 线跃进分线改造等工地。发现问题：汽吊驾驶员未戴安全帽，如图 3-2 所示。

图 3-2　汽吊驾驶员未戴安全帽

【相关规定】

《国家电网公司电力安全工作规程（配电部分）》2.1.6：进入作业现场应正确佩戴安全帽，现场作业人员还应穿全棉长袖工作服、绝缘鞋。

【原因分析】

汽吊驾驶员未戴安全帽，没有工作人员指出纠正，安全督查人员一到，却马上解释并自行纠正。说明其明白正确佩戴安全帽在现场施工时的重要性，但却抱有侥幸心理，也说明工作负责人现场安全管控不严。

【防控措施】

汽吊驾驶员未戴安全帽，主要还应由工作负责人负责指出并纠正，工作班成员也应该积极主动指出。对汽吊驾驶员所属的外包协作单位可由专业主管部门发出安全须知，提示在电力施工中的注意事项，如戴安全帽、注意和带电的电力线路保持安全距离等，并在进入电力施工现场作业时严格遵守。

案例三　安全帽下颏带没扣好

【案例描述】

2017 年 11 月 27 日上午，检查 10kV 北墅花苑电缆基础施工工地。发现问题：安全帽下颏带没扣好。如图 3-3 所示。

图 3-3　安全帽下颏带没扣好

【相关规定】

《国家电网公司电力安全工作规程（配电部分）》14.5.2：安全帽：（1）使用前，应检查帽壳、帽衬、帽箍、顶衬、下颏带等附件完好无损。（2）使用时，应将下颏带系好，防止工作中前倾后仰或其他原因造成滑落。

【原因分析】

临时作业人员及汽吊驾驶员等安全帽下颏带没扣好，属于习惯性违章。这说明工作负责人和工作班成员的安全监督和互相关心施工安全的责任没有真正落实。工作负责人在现场作为安全监护人的职责没能尽到，未能及时消除违章现象。

【防控措施】

临时作业人员及汽吊驾驶员等安全帽下颏带没扣好等问题，应切实发挥项目部人员和工作负责人、现场安全员的现场安全监护作用，对此类明显的违规行为，发现一起，连带处罚一次。同时建议对外协施工队伍的安全帽做一次全面检查，建议其采购有通气孔的安全帽，以改善施工人员的劳动条件。

案例四 安全帽超过使用周期

【案例描述】

2017 年 12 月 17 日上午，检查 10kV 城关 G104 线分线改造等工地。发现问题：安全帽超过使用周期，如图 3-4 所示。

【相关规定】

《国家电网公司电力安全工器具管理规定》〔国网（安监/4）289-2014〕（附件四）：依据《国家电网公司电力安全工作规程》，使用期限：从制造之日起，塑料帽≤2.5 年，玻璃钢帽≤3.5 年。第十五条：（三）组织开展班组安全工器具培训，严格执行操作规定，正确使用安全工器具，严禁使用不合格或超试验周期的安全工器具。

图 3-4　安全帽超过使用周期

【原因分析】

导致安全帽超过使用周期的原因有：①可能不知道相关规定；②不注意安全帽的使用周期；③不知道怎么检查；④没有注重使用前的检查工作。

【防控措施】

加强对安全帽等没有安全试验标签安全工器具的检查，应做到：①使施工人员知晓各类安全工器具的使用周期及其检查方式；②强化使用前的自我检查，并注重其效果；③工作负责人应经常性对安全工器具进行抽查；④建议安全工器具保管部门及人员在安全工器具使用周期到期前六个月左右向专业主管部门发布预警，提示及早采购调换。

案例五　安全帽使用不当

【案例描述】

2018 年 5 月 12 日上午，检查方家浜公变 0.4kV 南线 1～5 号杆调换导线等工地。发现问题：安全帽使用不当，如图 3-5 所示。

图 3-5 安全帽使用不当

【相关规定】

《国家电网公司电力安全工器具管理规定》〔国网（安监/4）289-2014〕第十五条：（三）组织开展班组安全工器具培训，严格执行操作规定，正确使用安全工器具，严禁使用不合格或超试验周期的安全工器具。

【原因分析】

对安全工器具的正确使用不够重视，特别是安全帽当坐垫的现象较为普遍，工作负责人也没有及时指出并纠正，其他工作班成员也熟视无睹，习以为常。

【防控措施】

加强对安全帽等安全工器具正确使用的教育和检查，使每一位工作人员都能够正确使用、保管好安全工器具。工作负责人应检查督促工作班成员正确使用和保管好各类安全工器具，使之能正常发挥作用。

项目四

工器具案例

【项目描述】

本项目包含工器具保管、试验、使用等内容。通过案例分析，了解工器具保管、试验、使用问题；熟悉工器具保管、试验、使用的相关规定要求；掌握工器具保管、试验、使用的技能。

案例一　安全带已超试验周期

【案例描述】

2013年8月12日上午，检查池浜台区0.4kV配电柜调换工地。发现问题：安全带已超试验周期一个多月，如图4-1所示。

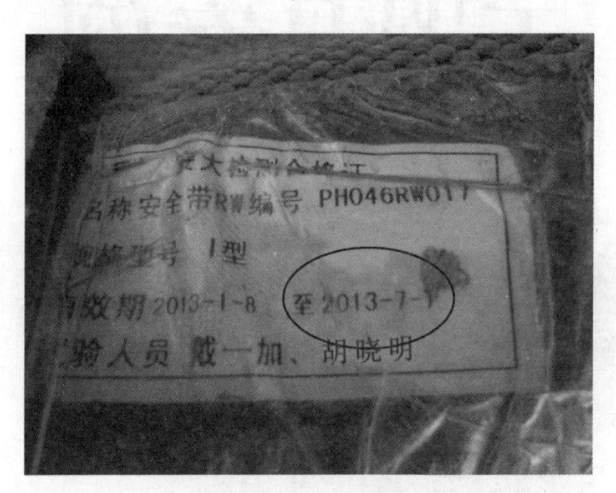

图4-1　安全带已超试验周期一个多月

【相关规定】

《国家电网公司电力安全工作规程（配电部分）》14.1.2：现场使用的机具、安全工器具应经检验合格。14.6.2.3：安全工器具经试验合格后，应在不妨碍绝缘性能且醒目的部位粘贴合格证。

【原因分析】

安全带已超试验周期一个多月，其余工器具试验都合格，说明安全工器具的试验、检查存在漏洞，而使用人在使用前没有认真履行检查安全工器具的职责。

【防控措施】

个人安全工器具的检查要落实到使用人，工作负责人有提醒、检查的责任，发现有超周期的安全工器具还带至现场的，应直接考核到个人，连带考核工作负责人。

案例二 验电器试验标签显示已过期

【案例描述】

2013 年 12 月 5 日上午，检查配合 10kV 某科技有限公司配变减容工程停电工地。发现问题：验电器试验标签显示已过期，如图 4-2 所示。督促调换后使用，回答是标签脱落，试验是新近做过的。

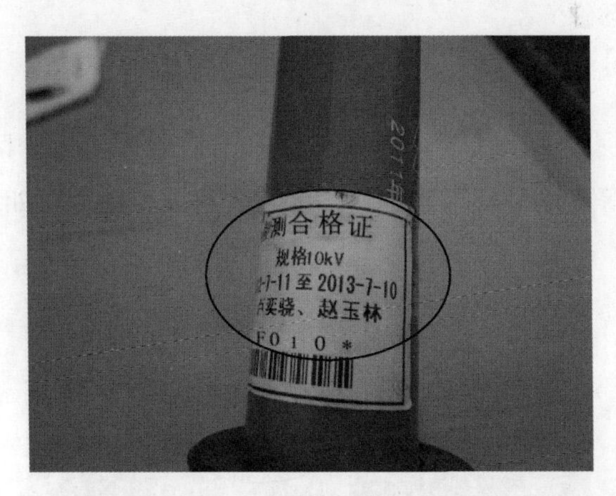

图 4-2 验电器试验标签显示已过期

【相关规定】

《国家电网公司电力安全工作规程（配电部分）》14.1.2：现场使用的机具、安全工器具应经检验合格。14.6.2.3：安全工器具经试验合格后，应在不妨碍绝缘性能且醒目的部位粘贴合格证。

【原因分析】

验电器试验标签显示已过期，经查是标签脱落，试验是新近做过的，可能存在原因：①取用工具时没有检查；②使用人员不清楚该验电器是否在试验周期范围内。说明工作人员安全意识淡薄，工作前准备工作不扎实，不细致，同时保管、检查工作也存在漏洞。

【防控措施】

加强对安全工器具的管理。保管人员应检查工器具是否完好无损，试验标签是否完整（试验标签可用透明粘纸盖住粘贴在安全工器具上）。使用人员在取用安全工器具时，应认真检查，以确保安全工器具合适使用。

案例三　绝缘手套超试验周期

【案例描述】

2014 年 3 月 6 日上午，检查 10kV 育才 G513 线梅园一区分线调换熔丝具及通道清理等工地。发现问题：绝缘手套超试验周期，如图 4-3 所示。

图 4-3　绝缘手套超试验周期

【相关规定】

《国家电网公司电力安全工作规程（配电部分）》14.1.2：现场使用的机具、安全工器具应经检验合格。14.6.2.3：安全工器具经试验合格后，应在不妨碍绝缘性能且醒目的部位粘贴合格证。

【原因分析】

绝缘手套超试验周期还带至施工现场准备使用，说明施工人员及工作负责人对安全工器具的检查形同虚设。特别是施工人员，对自己的人身安全极不重视，没有进行每日出工前的例行检查。

【防控措施】

对使用的安全工器具应每次使用前进行检查。专业主管部门可要求各个项目部上报试验周期，进行登记备案，并将试验报告复印保存，以备查询。另外对试验周期将要到期的各班组安全工器具，提前一个月进行友情提示，避免遗漏。

案例四 脚扣试验标签上的试验日期自己填写

【案例描述】

2014 年 4 月 14 日上午，检查 10kV 南桥 G151 线红益分线调换横担等工地。发现问题：脚扣试验标签上的试验日期自己填写，如图 4-4 所示。

【相关规定】

《国家电网公司电力安全工作规程（配电部分）》14.1.2：现场使用的机具、安全工器具应经检验合格。14.6.2.4：安全工器具的电气试验和机械试验可由使用单位根据试验标准和周期进行，也可委托有资质的机构试验。

图 4-4 脚扣试验标签上的试验日期自己填写

【原因分析】

班组成员擅自填写脚扣试验标签上的试验日期，主要目的是为了节约试验费用。该项目部的安全工器具是否进行了正常试验存在一定疑虑。项目部的造假行为，是对施工人员生命安全的不尊重，也是对相关安全规定的极大藐视。

【防控措施】

对各项目部的安全工器具试验应加强检查和核对，项目部每年应提供进行安全周期性试验的台账和付款发票，杜绝虚假试验事件的发生。

案例五 后备保护绳扣环没有保险

【案例描述】

2014 年 6 月 3 日上午，检查跃进河台区 0.4kV 东出线改造调杆等工地。发现问题：后备保护绳扣环没有保险，如图 4-5 所示。

【相关规定】

《国家电网公司电力安全工作规程（配电部分）》6.2.1：登杆塔前，应做好以下工作：（5）检查登高工具、设施（如脚扣、升降板、安全带、梯子和脚钉、爬梯、防坠装置等）是否完整牢靠。

图 4-5 后备保护绳扣环没有保险

【原因分析】

安全带后备保护绳扣环没有保险。导致该现象发生原因是对后备保护绳没能像安全带一样严格检查：①工作班成员没有对安全工器具作认真检查，工作负责人也疏于管理；②项目部对安全工器具的日常管理流于形式。该扣环保险显然缺失时间已久，且两个扣环都已缺失，但仍带至施工现场准备使用，说明项目部和施工人员对安全工器具的检查管理严重缺位。

【防控措施】

对外协施工队伍特别是新来的外协施工队伍的工器具予以检查备案，并对工器具特别是安全工器具的日常检查进行指导和培训，要使每个施工人员懂得安全工器具是保障自己和大家施工安全的，自觉养成出工前对安全工器具进行认真检查的良好习惯。

案例六 脚扣皮带磨损严重

【案例描述】

2014 年 8 月 25 日上午，检查 10kV 图泽 G283 线沭阳小区分线延伸段兴阳花苑业扩立杆等工地。发现问题：脚扣皮带磨损严重，如图 4-6 所示。

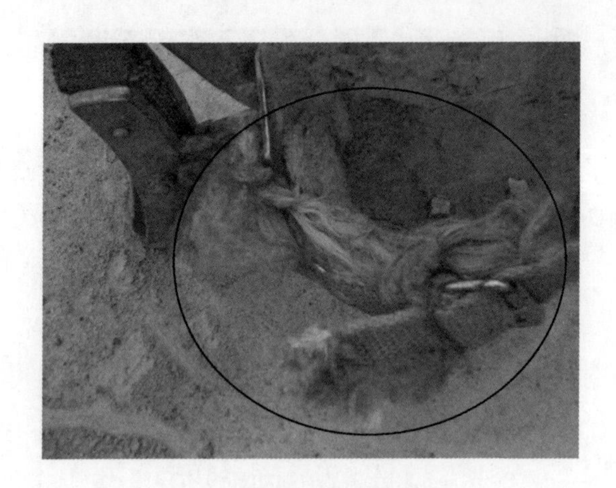

图 4-6　脚扣皮带磨损严重

【相关规定】

《国家电网公司电力安全工作规程（配电部分）》6.2.1：登杆塔前，应做好以下工作：(5) 检查登高工具、设施（如脚扣、升降板、安全带、梯子和脚钉、爬梯、防坠装置等）是否完整牢靠。14.5.7 脚扣和登高板：(1) 禁止使用金属部分变形和绳（带）损伤的脚扣和登高板。

【原因分析】

脚扣皮带磨损严重，存在原因：①个人在施工前没有检查；②工作负责人没有发现。这说明施工人员对安全工器具的检查和使用存在一定问题。同时，其他的施工人员没有指出，未尽到互相关心的职责。

【防控措施】

对于安全工器具的保管、检查和使用，个人保管使用的如脚扣、安全带等安全工器具在保管、检查和使用中状况相对较差，应加强这方面的教育和检查，提升员工对安全工器具保管、检查和使用的技能知识，促使工作人员在保管和使用前认真仔细地进行检查，及时更换、整修磨损严重、外力损坏或其他不符合要求的安全工器具，确保安全工器具在使用中安全适用。

案例七 手扳葫芦吊钩保险已坏

【案例描述】

2014 年 10 月 27 日上午，检查 10kV 马厩 G849 线鸭头湾分线 0 号杆～3 号杆拆线等工地。发现问题：手扳葫芦吊钩保险已坏，如图 4-7 所示。

图 4-7 手扳葫芦吊钩保险已坏

【相关规定】

《国家电网公司电力安全工作规程（配电部分）》14.1.3：机具的各种监测仪表以及制动器、限位器、安全阀、闭锁机构等安全装置应完好。

【原因分析】

手扳葫芦保险装置已损坏还在使用，应引起各项目部的充分注意。手扳葫芦吊钩保险已坏，是施工工器具保管、保养、整修工作没有做好的缘故，使用前没有认真检查，思想上也麻痹，导致有的施工工器具损坏、锈蚀严重、断股等都还在施工现场使用，存在一定的安全隐患。工器具的好坏，直接决定了施工是否安全、顺利。古语说得好，“磨刀不误砍柴工”，用很少的费用准备好适用的工器具，既是项目部的必要投入，也是施工安全顺利的必要保证。

【防控措施】

对安全工器具和施工工器具应加强平时的保养、整修和检查，以保证使用时可用、适用、安全、顺利。建议对各项目部的工器具进行一次全面检查：①应进行宣传和辅导；②进行甄别，对已经损坏的工器具及时予以剔除，对能修复的工器具及时进行整修；③督促各项目部平时对工器具进行保养和维护，以延长工器具的使用期限。使用前的检查也应认真进行。

案例八 用10kV验电器在0.4kV线路上验电

【案例描述】

2014年11月12日上午，检查10kV福臻G609线新华分线大桥新村支线配变调换低压线改造等工地。发现问题：用10kV验电器准备在0.4kV线路上验电（已当场制止），如图4-8所示。

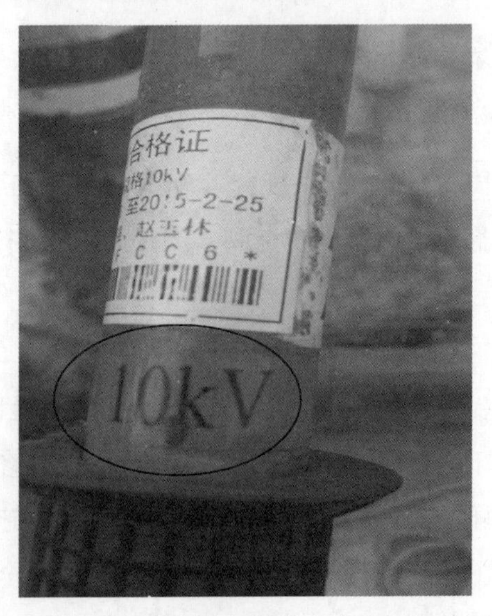

图4-8 用10kV验电器准备在0.4kV线路上验电

【相关规定】

《国家电网公司电力安全工作规程（配电部分）》4.3.1：配电线路和设备停电检修，接地前，应使用相应电压等级的接触式验电器或测电笔，在装设接地线或合接地刀闸处逐相分别验电。

【原因分析】

用10kV验电器在0.4kV线路上验电，原因为施工人员特别是监护人没有在出工时、使用前认真检查安全工器具是否适用，无视验电器主要参数，造成验电器没有按照相应电压等级验电；也可能没有重视验电器相应电压等级这一关键，以为以大代小没有问题。

【防控措施】

验电器既不能以大代小，也不允许以小代大，而且使用前要进行试验，以确保验电器完好适用。要加强对安全工器具的检查，不仅要检查外观、试验周期等，还要检查是否适用。

案例九　绝缘夹钳超过试验周期

【案例描述】

2014年12月11日上午，检查10kV港中G125线观音堂分线4号杆带电拆除上引线并加装令克一组等工地。发现问题：绝缘夹钳超过试验周期，如图4-9所示。

【相关规定】

《国家电网公司电力安全工作规程（配电部分）》14.1.2：现场使用的机具、安全工器具应经检验合格。14.6.2.3：安全工器具经试验合格后，应在不妨碍绝缘性能且醒目的部位粘贴合格证。

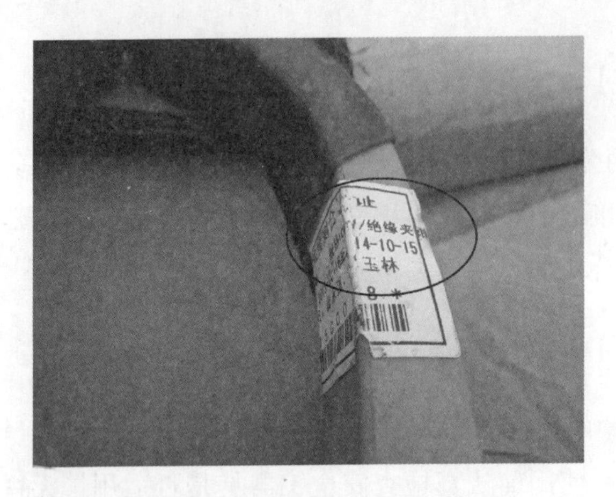

图 4-9　绝缘夹钳超过试验周期

【原因分析】

绝缘夹钳超过试验周期还在使用，说明工作人员对安全工器具的保管、试验、整修、使用均极不认真、到位，尚有漏洞。工作负责人和安全工器具管理人员都有责任。

【防控措施】

安全工器具应加强保管和领用管理，做到出库工器具全部合格。使用人员也应检查，发现问题及时调换，千万不要把超期或不合格的安全工器具带至施工现场使用。

案例十　验电器超过试验周期

【案例描述】

2015 年 3 月 23 日上午，检查 10kV 穗轮 G271 线金穗路一级支线 3 号杆组装路灯变一台等工程工地。发现问题：验电器超过试验周期，如图 4-10 所示。

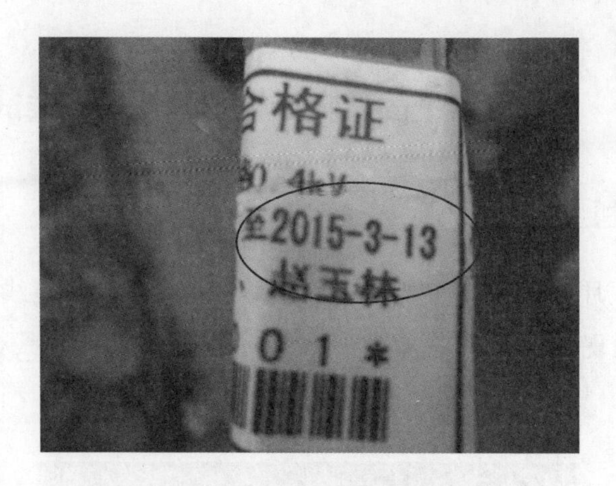

图 4-10 验电器超过试验周期

【相关规定】

《国家电网公司电力安全工作规程（配电部分）》14.1.2：现场使用的机具、安全工器具应经检验合格。14.6.2.3：安全工器具经试验合格后，应在不妨碍绝缘性能且醒目的部位粘贴合格证。

【原因分析】

验电器超过试验周期这类安全工器具检查方面的问题，已少有发现，但还偶尔存在。究其原因主要是管理工作不到位，体现了该项目部在安全工器具的保管和使用上相当随意，在管理上极其混乱。特别对补充、更新的零星安全工器具，由于数量不多，容易在试验周期到期时遗漏，造成试验超周期的现象发生。

【防控措施】

加强对安全工器具的保管、维护、整修和试验管理，对增补或新领用的安全工器具，建议在下次安全周期性试验前与其他大批安全工器具一并进行试验，这样可避免因遗忘试验而导致超周期事件的发生。

案例十一　验电器上的试验标签贴的是接地线试验标签

【案例描述】

2015年9月16日上午，检查新仓镇秦沙村牛场台区南线、北线大修调线等工地。发现问题：验电器上的试验标签贴的是接地线试验标签，如图4-11所示。

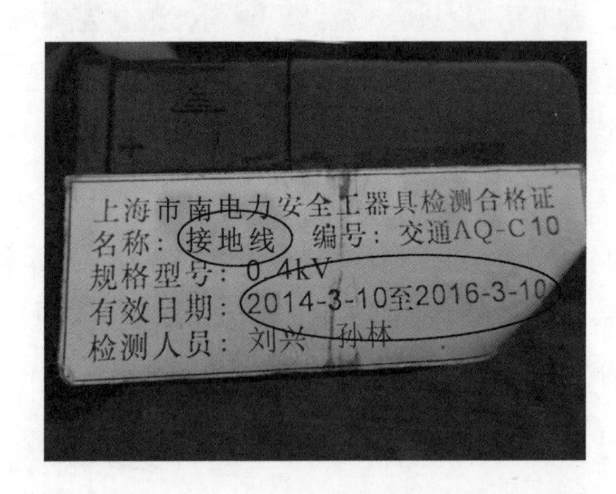

图4-11　验电器上的试验标签贴的是接地线试验标签

【相关规定】

《国家电网公司电力安全工作规程（配电部分）》14.1.2：现场使用的机具、安全工器具应经检验合格。14.6.2.3：安全工器具经试验合格后，应在不妨碍绝缘性能且醒目的部位粘贴合格证。

【原因分析】

验电器上的试验标签贴的是接地线试验标签，表明施工班组对安全工器具的试验、保管和检查各个环节都存在问题，每次领用时、使用前均未有效进行检查。同时，试验环节存在较大漏洞。

【防控措施】

安全工器具的试验标签不容许随意粘贴。可能是施工队伍为节约试验费用而自己粘贴。为杜绝此类事件的再次发生，建议明确各施工队伍应在指定的试验单位进行试验；或者要求施工队伍每年提供试验报告，适时进行抽查，避免伪造标签事件的发生。

案例十二 绞磨机已经超过安全试验周期

【案例描述】

2015 年 9 月 24 日上午，检查树桥头台区 0.4kV 线路大修改造工作工地。发现问题：绞磨机已经超过安全试验周期，如图 4-12 所示。

图 4-12 绞磨机已经超过安全试验周期

【相关规定】

《国家电网公司电力安全工作规程（配电部分）》14.1.2：现场使用的机具、安全工器具应经检验合格。14.3.3：起重机具的检查、试验要求应满足相关规定。14.3.4：施工机具应定期按标准试验。

【原因分析】

绞磨机已经超过试验周期，说明施工工器具管理制度还有漏洞，也说明使用前的检查基本流于形式。

【防控措施】

施工机具和安全工器具的试验、保管和使用，应有一套可控措施。措施实施以后，要加强管理和督查，使之真正发挥作用，杜绝超试验周期的施工机具和安全工器具还在现场的现象再次发现。建议新调换、配置的施工机具和安全工器具与其他正常使用的施工机具和安全工器具一起进行试验，避免因为试验周期不同而遗漏的现象发生。

案例十三　安全带试验标签周期为半年（标准为一年）

【案例描述】

2016 年 3 月 18 日上午，检查城投公司城北路西侧地块 10kV 线路迁移工程工地。发现问题：安全带试验标签上周期为半年（标准为一年），如图 4-13 所示。

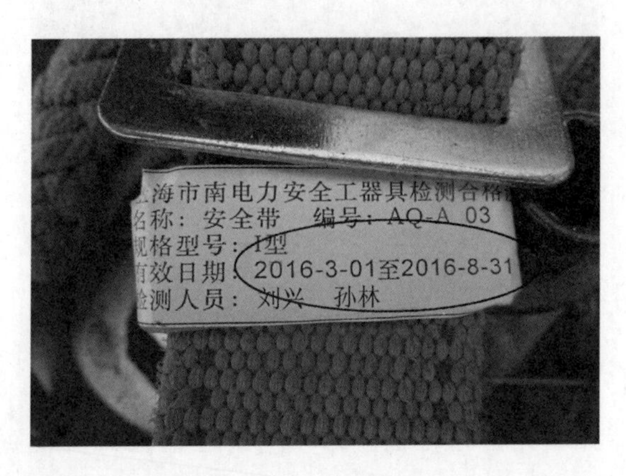

图 4-13　安全带试验标签上周期为半年（标准为一年）

【相关规定】

《国家电网公司电力安全工作规程（配电部分）》17.2.3：安全带和专作固定安全带的绳索在使用前应进行外观检查。安全带应按附录定期检验，不合格者不得使用（附录登高工器具试验标准表中安全带静负荷试验1年一次）。

【原因分析】

安全带试验标签上有的周期为一年，有的为半年（标准为1年），原因是外协施工队伍的安全工器具管理还存在漏洞。极有可能是为了节约试验费而自行粘贴试验标签。

【防控措施】

外协施工单位的安全工器具试验问题由来已久，建议尽快制订切实可行的办法，从源头上解决这一问题。建议：①统一保管试验；②指定有资质的试验单位进行试验。

案例十四　验电器电池电量严重不足，已无法按响（亮）

【案例描述】

2016年4月27日上午，检查马家浜台区0.4kV线路改造工程工地。发现问题：验电器电池电量严重不足，已无法按响（亮），如图4-14所示。

【相关规定】

《国家电网公司电力安全工作规程（配电部分）》14.1.2：现场使用的机具、安全工器具应经检验合格。4.3.2：高压验电前，验电器应先在有电设备上试验，确证验电器良好；无法在有电设备上试验时，可用工频高压发生器等确证验电器良好。低压验电前应先在低压有电部位上试验，以验证验电器或测电笔良好。

图 4-14 验电器电池电量严重不足

【原因分析】

验电器电池电量严重不足，已无法按响（亮），说明对安全工器具的保管、检查和试验往往停留在书面纪录上，缺少实质性的有效行为。现场使用人员对验电器验电前后的检查存在疏忽。

【防控措施】

对于安全工器具的使用、保管、检查和试验，应制定制度，专人负责，书面记录。对发现的问题应注意：①分析原因，予以改进；②考核到人，落实责任制，从根本上解决这个问题。

案例十五 破损铁桩还在使用

【案例描述】

2016 年 12 月 2 日下午，检查戴家桥台区 0.4kV 线路改造立杆等工地。发现问题：破损铁桩还在使用，如图 4-15 所示。

【相关规定】

《国家电网公司电力安全工作规程（配电部分）》14.1.6：机具和安全

工器具应统一编号，专人保管。入库、出库、使用前应检查。禁止使用损坏、变形、有故障等不合格的机具和安全工器具。

图 4-15　破损铁桩还在使用

【原因分析】

破损铁桩还在使用，原因是项目部要压缩必要开支。

【防控措施】

建议专业主管部门或项目经理平时多去外协施工队伍的驻地走访查看，检查、督促其及时调换破损的工器具。

案例十六　后备保护绳超过试验周期

【案例描述】

2017 年 2 月 26 日上午，检查 10kV 城关 G104 线等线路改造工程等工地。发现问题：后备保护绳超过试验周期，如图 4-16 所示。

【相关规定】

《国家电网公司电力安全工作规程（配电部分）》14.1.2：现场使用的

机具、安全工器具应经检验合格。14.6.2.3：安全工器具经试验合格后，应在不妨碍绝缘性能且醒目的部位粘贴合格证。

图 4-16 后备保护绳超过试验周期

【原因分析】

安全工器具自从统配以后很少发现这类问题。该案例发生的可能原因有：①临时借用外地人员协助施工而从外地自行带来；②自己原有（已经超过试验周期）的安全工器具还在使用；③工作负责人没有认真履行检查职责，导致安全工器具超周期使用。

【防控措施】

施工人员应尽量稳定，确需临时从外地借调人员的，应事前向专业主管部门提出申请，经批准后才可以临时借调。临时借调人员应具备专业主管部门颁发的合格施工证。对临时借用外地人员的安全工器具建议专业主管部门制定一个行之有效的管理办法，纳入正常管理之中。对原有的安全工器具的使用管理应做到：①教育工作人员严禁使用安全试验已经超过周期或外观检查不合格的安全工器具；②对超过周期或外观检查不合格的安全工器具应发现一件收缴一件，并严肃处理。工作负责人应在开工前对个人安全工器具进行检查，严禁安全工器具超周期使用。

案例十七　手扳葫芦使用不当

【案例描述】

2018 年 6 月 8 日上午，检查吴家浜台区 0.4kV 线路改造工程等工地。发现问题：手扳葫芦使用不当，如图 4-17 所示。

图 4-17　手扳葫芦使用不当

【相关规定】

《国家电网公司电力安全工作规程（配电部分）》14.2.6.1：使用前应检查吊钩、链条、转动装置及制动装置，吊钩、链轮或倒卡变形以及链条磨损达直径的 10%时，禁止使用。制动装置禁止沾染油脂。14.2.6.2：起重链不得打扭，亦不得拆成单股使用。

【原因分析】

手扳葫芦使用不当，可能是没有掌握施工工器具的正确使用方法，也可能是贪图省力，野蛮施工所致。

【防控措施】

各项目部应利用雨天、晚上等空闲时间，针对本项目部前段时期发生的问题或其他比较典型的违章事例，联系实际，本着缺什么补什么的原则，对《国家电网公司电力安全工作规程（配电部分）》等相关安全规定、安全工器具和施工器具的使用、保养方法，安全性票据正确填写与执行等本项目部短板问题，进行针对性地培训学习，以提高本项目部的综合素质。

案例十八 脚扣损坏严重

【案例描述】

2018年11月24日上午，检查周家浜公变0.4kV南线4号杆～15号杆调换导线等工地。发现问题：脚扣损坏严重，如图4-18所示。

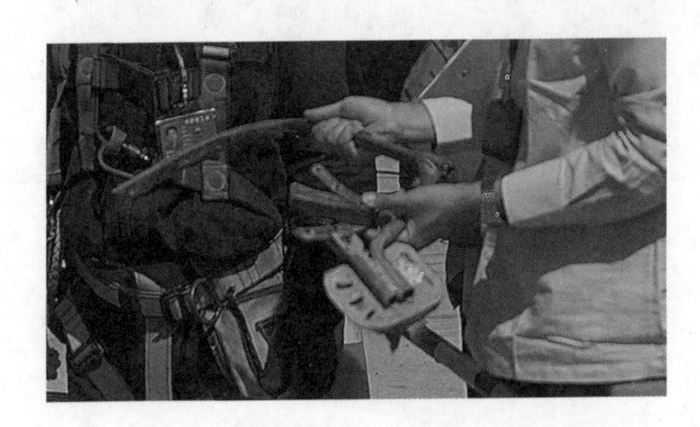

图4-18 脚扣损坏严重

【相关规定】

《国家电网公司电力安全工作规程（配电部分）》14.1.6：机具和安全工器具应统一编号，专人保管。入库、出库、使用前应检查。禁止使用损坏、变形、有故障等不合格的机具和安全工器具。14.5.7：脚扣和登高板：（1）禁止使用金属部分变形和绳（带）损伤的脚扣和登高板。

【原因分析】

脚扣损坏严重还在现场使用，说明作业人员对脚扣没有作日常检查，维护保养意识严重欠缺。

【防控措施】

建议各项目部加强对个人安全工器具的日常检查和管理，特别要注意外协施工单位个人安全工器具混入日常使用的个人安全工器具中。要加强培训，提高安全工器具保管、使用、保养、整修和检查技能，发现已经损坏的安全工器具应及时整修或调换，确保个人安全工器具随时适用。

项目五

遮栏（围栏）及标示牌设置案例

【项目描述】

本项目包含遮栏（围栏）及标示牌设置等内容。通过案例分析，了解遮栏（围栏）及标示牌设置中的问题；熟悉遮栏（围栏）及标示牌设置的相关规定要求；掌握遮栏（围栏）及标示牌设置的技能。

案例一　道路边施工未设置警告标示牌

【案例描述】

2013年6月25日上午，检查10kV庆丰G143线跃进分线改造等工地。发现问题：道路边施工未设置警告标示牌（警告标示牌放在一边），如图5-1所示。

图5-1　道路边施工未设置警告标示牌

【相关规定】

《国家电网公司电力安全工作规程（配电部分）》4.5.12：城区、人口密集区或交通道口和通行道路上施工时，工作场所周围应装设遮栏（围栏），并在相应部位装设警告标示牌。必要时，派人看管。

【原因分析】

道路边施工未设置警告标示牌，而一边的场地上却静静地站立着警告标示牌，说明现场安全措施的落实还没有到位，工作班成员熟视无睹，工作负责人（小组负责人）检查现场安全措施有遗漏。

【防控措施】

道路边施工未设置警告标示牌，是现场安全措施没有落实到位，应加强教育和检查，及时指出并纠正违规现象。还要教育工作班成员互相关心工作安全，对违规现象应大胆指出。

案例二 打开盖板的电缆井未设置遮栏（围栏）

【案例描述】

2015年4月10日上午，检查城投公司南市路商业安置房配电工程10kV电缆敷设等工地。发现问题：打开盖板的电缆井未设置遮栏（围栏），如图5-2所示。

【相关规定】

《国家电网公司电力安全工作规程（配电部分）》4.5.12：城区、人口密集区或交通道口和通行道路上施工时，工作场所周围应装设遮栏（围栏），并在相应部位装设警告标示牌。必要时，派人看管。2.3.12.1：井、坑、孔、洞或沟（槽），应覆以与地面齐平而坚固的盖板。检修作业，若需将盖板取下，应设临时围栏，并设置警示标识，夜间还应设红灯示警。临时打的孔、洞，施工结束后，应恢复原状。

图 5-2 打开盖板的电缆井未设置遮栏（围栏）

【原因分析】

打开盖板的电缆井未设置遮栏（围栏），明显违反安全规定。原因主要是施工人员贪图省力，安全意识淡薄，忽视细节问题，不顾安全的思想作祟。安全措施有明确规定，工作票也有相应内容，但现场没有执行。

【防控措施】

道路上打开的电缆井必须设置遮栏（围栏），要消除一切可能的安全隐患。既要加强教育，又要加强考核，双管齐下，使其养成良好的遵章习惯，把现场各项安全措施纳入自觉行为中。打开的电缆井不管在什么位置，必须按照《国家电网公司电力安全工作规程（配电部分）》要求设置遮栏（围栏），而不能自以为是，不设置或设置不齐全、不规范，并注意电缆井盖板打开后摆放平稳可靠。对打开盖板的电缆井未设置遮栏（围栏）的现象，建议设立固定违章曝光角，每月把上月安全督查中发现的问题进行曝光，并指出其危害，辅以整改措施，促进各项目部施工人员安全、规范施工。

案例三 汽车吊支腿处没有任何警示标志

【案例描述】

2015 年 5 月 25 日上午，检查新建 10kV 塘桥线齐心线工程等工地。发现问题：吊车支腿处没有任何警示标志，如图 5-3 所示。

图 5-3 吊车支腿处没有任何警示标志

【相关规定】

《国家电网公司电力安全工作规程（配电部分）》4.5.12：城区、人口密集区或交通道口和通行道路上施工时，工作场所周围应装设遮栏（围栏），并在相应部位装设警告标示牌。必要时，派人看管。16.1.8：在道路上施工应装设遮栏（围栏），并悬挂警告标示牌。

【原因分析】

汽车吊支腿处没有任何警示标志，来往车辆又多，极为危险。驾驶员并未及时主动提出相应安全措施，工作负责人和负责道路交通安全的人员也未注意并采取相应警示措施。

【防控措施】

施工前应对汽车吊驾驶员交代电力线路施工的安全注意事项，并要求其根据道路交通安全要求做好相应的安全措施。工作负责人和负责道路交通安全的人员也应加强检查，确保交通和施工安全。

案例四　遮栏（围栏）没有全封闭，部分遮栏已掉地

【案例描述】

2016 年 5 月 14 日下午，检查 10kV 万盛 G220 线绝缘化工程工地。发现问题：①遮栏（围栏）没有全封闭；②部分遮栏（围栏）已掉地，如图 5-4 和图 5-5 所示。

图 5-4　遮栏（围栏）没有全封闭

【相关规定】

《国家电网公司电力安全工作规程（配电部分）》4.5.12：城区、人口密集区或交通道口和通行道路上施工时，工作场所周围应装设遮栏（围栏），并在相应部位装设警告标示牌。必要时，派人看管。4.5.14：禁止作

业人员擅自移动或拆除遮栏（围栏）、标示牌。因工作原因需短时移动或拆除遮栏（围栏）、标示牌时，应有人监护。完毕后应立即恢复。

图 5-5　部分遮栏（围栏）已掉地

【原因分析】

遮栏（围栏）没有全封闭、部分遮栏（围栏）已掉地，原因是工作范围大，遮栏（围栏）准备不足，且已设置的遮栏（围栏）被风吹到地面以后没有工作人员及时扶起重新设置，这说明：①准备工作不充分，遮栏（围栏）准备量不够；②遮栏（围栏）设置简单轻巧，在风力的作用下很容易被吹倒；③工作人员没有互相关心施工安全的意识，被吹倒的遮栏（围栏）附近的工作人员没能及时扶起并重新设置完好。

【防控措施】

现场安全措施必须要按照安全性票据上的要求实施，且应该全面正确执行。遮栏（围栏）设置必须全面、牢固、醒目，应考虑风力等因素，稳妥设置。对现场因为各种原因没有全面实施安全措施的施工班组，应按照《国家电网公司电力安全工作规程（配电部分）》相关规定，对照安全施工合同条款予以重罚，并在宣传橱窗内予以曝光。

案例五　道路上施工未设置遮栏（围栏）

【案例描述】

2017 年 4 月 7 日上午，检查 10kV 徐家线网架完善新建工程工地。发现问题：道路上施工未设置遮栏（围栏），如图 5-6 所示。

图 5-6　道路上施工未设置遮栏（围栏）

【相关规定】

《国家电网公司电力安全工作规程（配电部分）》4.5.12：城区、人口密集区或交通道口和通行道路上施工时，工作场所周围应装设遮栏（围栏），并在相应部位装设警告标示牌。必要时，派人看管。16.1.8：在道路上施工应装设遮栏（围栏），并悬挂警告标示牌。

【原因分析】

道路上施工未设置遮栏（围栏），是贪图省力的具体表现。

【防控措施】

交通道路上必须设置遮栏（围栏），不得用警示锥等来代替，必要时应有人看护，以保证行人、车辆安全，保证施工安全。

案例六　道路一侧未设置警示标志

【案例描述】

2017 年 5 月 25 日上午，检查钟埭变 20kV 钟平线网架完善新建工程工地。发现问题：道路一侧未设置警示标志，如图 5-7 所示。

图 5-7　道路一侧未设置警示标志

【相关规定】

《国家电网公司电力安全工作规程（配电部分）》4.5.12：城区、人口密集区或交通道口和通行道路上施工时，工作场所周围应装设遮栏（围栏），并在相应部位装设警告标示牌。必要时，派人看管。16.1.8：在道路上施工应装设遮栏（围栏），并悬挂警告标示牌。

【原因分析】

道路上一侧未设置警示标志，是汽吊驾驶员的严重失职，也是工作负责人的不负责任导致。其他工作班成员也没有指出并纠正，整个施工班组的安全意识淡薄。

【防控措施】

居民区和交通道路附近（上）施工，应设遮栏（围栏）和警告标示牌，这应该是驾驶员的职责；工作负责人应负有监督检查职责；工作班成员应负有互相关心工作安全职责。

案例七　在道路上作业，施工车辆周围没有任何警示标志

【案例描述】

2018年3月6日下午，检查20kV六新B331线B3317号断路器配合停电等工地。发现问题：在道路上作业，施工车辆周围没有任何警示标志，如图5-8所示。

图5-8　在道路上作业，施工车辆周围没有任何警示标志

【相关规定】

《国家电网公司电力安全工作规程（配电部分）》4.5.12：城区、人口密集区或交通道口和通行道路上施工时，工作场所周围应装设遮栏（围栏），并在相应部位装设警告标示牌。必要时，派人看管。16.1.8：在道路

上施工应装设遮栏（围栏），并悬挂警告标示牌。

【原因分析】

在道路上作业，施工车辆没有任何警示标志，自以为时间很短不会出事，因而贪图省力，违反安全规定。这种思想比较普遍，危害不小。

【防控措施】

在道路上施工作业，必须严格执行《道路交通安全法》和《国家电网公司电力安全工作规程（配电部分）》等相关规定，做好设置遮栏（围栏）、警告标示牌等现场安全措施，教育施工人员和驾驶员严格执行现场安全措施，工作负责人应严密监护工作人员的行为，发现问题及时纠正。

案例八　施工没有全部结束，部分遮栏（围栏）已经拆除

【案例描述】

2018 年 8 月 2 日上午，检查 10kV 芦川 G145 线朝阳二级支线线路改造工程工地。发现问题：施工没有全部结束，警示遮栏（围栏）部分已经拆除，如图 5-9 所示。

图 5-9　施工没有全部结束，警示遮栏（围栏）部分已经拆除

【相关规定】

《国家电网公司电力安全工作规程（配电部分）》4.5.14：禁止作业人员擅自移动或拆除遮栏（围栏）、标示牌。因工作原因需短时移动或拆除遮栏（围栏）、标示牌时，应有人监护。完毕后应立即恢复。

【原因分析】

施工没有全部结束，警示遮栏（围栏）部分已经拆除。这是现场安全措施执行不规范，可能是想早点收工导致。若是工作负责人指挥提前拆除，属于工作负责人的安全意识问题；若是工作班成员擅自撤除的话，则属于工作班成员的安全意识问题；工作负责人和其他工作班成员没有及时制止并纠正，也体现了施工班组整体安全意识的淡薄。

【防控措施】

加强对现场安全措施的管理和监督：①教育工作负责人全过程全面实施安全性票据上要求实施的各项现场安全措施，必要时还应予以补充；②各级领导和安全督查人员应重点加强对现场安全措施实施情况的督查，发现问题应及时指出并纠正；③专业管理部门应对现场安全措施不齐全等违规现象予以处理。

案例九 施工现场仅部分设置遮栏（围栏）

【案例描述】

2018年8月2日上午，检查10kV芦川G145线朝阳二级支线线路改造工程工地。发现问题：施工现场仅部分遮栏（围栏），如图5-10所示。

【相关规定】

《国家电网公司电力安全工作规程（配电部分）》4.5.12：城区、人口密集区或交通道口和通行道路上施工时，工作场所周围应装设遮栏（围栏），并在相应部位装设警告标示牌。必要时，派人看管。

图 5-10　施工现场仅部分设置遮栏（围栏）

【原因分析】

施工现场遮栏（围栏）只有部分设置。可能是遮栏（围栏）准备不足；也可能是嫌麻烦，做样子，只在主要方向围了一下，没有全部封闭，这是没有全面、正确实施现场安全措施的表现。

【防控措施】

现场安全措施的实施必须全部、正确，工作负责人应现场指挥、检查各项安全措施的真正、全面、正确落实。工作班成员也要关心施工安全，督促现场安全措施的落实到位，发现问题及时向工作负责人提出并要求及时纠正。

案例十　道路上施工未设置遮栏（围栏）

【案例描述】

2018 年 9 月 27 日上午，检查鸿翔建设集团公司 1 号、2 号临时用电

10kV 配电工程等工地。发现问题：道路上施工未设置遮栏（围栏），如图 5-11 所示。

图 5-11　道路上施工未设置遮栏（围栏）

【相关规定】

《国家电网公司电力安全工作规程（配电部分）》4.5.12：城区、人口密集区或交通道口和通行道路上施工时，工作场所周围应装设遮栏（围栏），并在相应部位装设警告标示牌。必要时，派人看管。

【原因分析】

道路上施工未设置遮栏（围栏），忽视了非主要施工现场的安全措施。立杆、配变施工都在围墙里边，小部分工程在外边（道路上）进行，因而导致对遮栏（围栏）这类现场必要的安全措施直接省略。

【防控措施】

对低、小、散、乱的施工作业项目或内容，应同样严格执行《国家电网公司电力安全工作规程（配电部分）》规定，确保安全措施全方位、全过程落实。举一反三，对低、小、散、乱和事故抢修等更要注重现场安全措施的全面落实，严防由于思想上放松、行动上散漫而造成现场安全措施的缺失。

项目六

施工作业质量案例

【项目描述】

本项目包含施工作业质量等内容。通过案例分析，了解施工作业中常见的质量问题；熟悉施工作业质量的相关规定要求；掌握施工作业中提升质量的技能。

案例一 电缆头拆下后加接地线一起倒挂

【案例描述】

2013 年 1 月 25 日上午，检查 10kV 白马 G208 线 33 号杆开关引线更换等工地。发现问题：电缆头拆下后加接地线一起倒挂，容易损坏电缆，如图 6-1 所示。

图 6-1 电缆头拆下后加接地线一起倒挂，容易损坏电缆

【相关规定】

《电力工程电缆设计标准》（GB 50217—2018）5.1.2：电缆在任何敷设方式及其全部路径条件的上下左右改变部位，均应满足电缆允许弯曲半径要求，并应符合电缆绝缘及其构造特性的要求。对自容式铅包充油电缆，其允许弯曲半径可按电缆外径的 20 倍计算。《城市电力电缆线路设计技术规定》（DL/T 5221—2016）4.1.1：任何方式敷设的电缆转弯半径不宜小

于相关规定的弯曲半径。(35kV 及以下电压三芯有铠装电缆敷设时的最小弯曲半径为 12*D*)。

【原因分析】

拆下的电缆头加所挂设的接地线倒挂在电杆上，极易损坏电缆结构，造成运行事故。可能是施工人员不知道这样做会损害电缆结构，也可能是施工人员贪图省力。

【防控措施】

工程质量事关大局。在进行有针对性的教育培训基础上，加强施工过程巡视和施工竣工验收管理，落实安全质量监督制和工程验收责任制，切实把好施工过程巡视和工程竣工验收关。

案例二 金属计量箱进出线孔没有橡胶保护圈保护

【案例描述】

2013 年 2 月 28 日上午，检查操作 10kV 外环 G618 线大桥村经济合作社配变熔丝等工地。发现问题：金属计量箱进出线孔没有橡胶保护圈保护，如图 6-2 所示。

图 6-2 金属计量箱进出线孔没有橡胶保护圈保护

【相关规定】

《建设工程施工现场供用电安全规程》（GB 50194—2014）6.3.16：配电箱的进线和出线不应承受外力，与金属尖锐断口接触时应有保护措施。

【原因分析】

金属计量箱进出线孔没有橡胶保护圈保护，这是比较普遍的问题。主要有两个原因：①安装时贪图省力，没有安装保护圈直接把导线（电缆）穿进去；②计量箱内没有保护圈，施工时也就没有安装保护圈，导线（电缆）保护意识淡薄。

【防控措施】

计量箱进出线没有保护圈保护是长期以来遗留问题。物资部门要在进货时加以检查，确保计量箱有足够适用的保护圈，施工部门要严格按照规定要求进行安装，进出线必须使用保护圈以保护导线（电缆）不受损坏。专业管理部门应加强验收管理，确保新施工的计量箱进出线都有保护圈保护。运行人员应对遗留的进出线没有保护圈保护的金属计量箱进行排摸，报专业管理部门列入计划进行整改。

案例三　避雷器上引线连接处没有紧固

【案例描述】

2013 年 4 月 8 日下午，检查 10kV 新明 G825 线线路改造等工地。发现问题：避雷器上引线连接处没有紧固，如图 6-3 所示。

【相关规定】

《电气装置安装工程 66kV 及以下架空电力线路施工及验收规范》（GB 50173—2014）10.1.1：电气设备的安装，应符合下列规定：安装应牢固可靠；电气连接应接触紧密，不同金属连接，应有过渡措施。

图 6-3 避雷器上引线连接处没有紧固

【原因分析】

避雷器上引线连接处没有紧固，是施工质量不佳的一个具体实例。作业人员工作马虎，工作负责人没有认真监护和检查，致使形成致命缺陷。

【防控措施】

施工质量应是各级领导和专业管理部门的重要工作之一，在进行安全督查的同时，对施工质量同时进行督查。施工时应对每一处连接点认真进行紧固，工作负责人应认真监护安全和质量，对导线连接处的紧固要及时予以监督和检查。验收人员要加强验收的责任心，认真细致、严格全面地对施工质量进行验收检查。对导线的连接点，应每处登杆实地予以检查验收，发现问题及时提出整改意见，督促施工队伍整改，并形成检查验收报告，报专业管理部门备案。对检查验收报告中的整改问题，应有闭环处理意见和书面反馈记录。

案例四 旧验电接地环已失效，还在重复安装使用

【案例描述】

2013 年 4 月 8 日下午，检查 10kV 新明 G825 线线路改造等工地。发现问题：旧验电接地环已失效，还在重复安装使用，如图 6-4 所示。

图 6-4 旧验电接地环已失效，还在重复安装使用

【相关规定】

《绝缘穿刺接地线夹使用说明书》施工注意事项第 5 条：由于安装后齿变形，线夹最好不要重复使用。

【原因分析】

旧验电接地环已失效是不能重复使用的，但还在重复安装使用，说明对金具的安装使用要求不懂或不重视。失效的验电接地环重复安装使用可能会危及人身安全。

【防控措施】

施工材料应严格落实验收责任制，严格履行计划、领用、登记、使用、验收、监督等一整套措施予以保证，发现问题及时整改，绝不能把隐患遗留下去。应加强对验收人员的培训教育，提高验收人员的技能水平和质量意识水平，落实验收人员责任考核制度。

案例五 导线绑扎工艺粗糙

【案例描述】

2013 年 4 月 28 日上午，检查费家村台区 0.4kV 北线大修改造等工地。

发现问题：导线绑扎工艺粗糙，如图 6-5 所示。

图 6-5 导线绑扎工艺粗糙

【相关规定】

《电气装置安装工程 66kV 及以下架空电力线路施工及验收规范》（GB 50173—2014）8.4.12：1kV 及以下架空电力线路的导线，当采用缠绕方法连接时，连接部分的线股应缠绕良好，不应有断股、松股等缺陷。

【原因分析】

导线绑扎工艺粗糙的原因有：①技能问题；②没意识到导线在施放过程中万一发生卡线的后果；③没有考虑运行中导线承受的各类荷载，马虎了事。

【防控措施】

施工工艺应符合规定要求，既要加强技能教育，又要加强质量意识的教育。严格落实“质量第一”责任制，施工作业中精工细作，精益求精，发现工艺质量问题应及时整改，落实施工作业人员工艺质量考核制度。

案例六　紧线时导线放在铁横担上

【案例描述】

2013 年 5 月 2 日上午，检查 10kV 新明 G825 线分支线改接等工地。发现问题：紧线时导线放在铁横担上，如图 6-6 所示。

图 6-6　紧线时导线放在铁横担上

【相关规定】

《电气装置安装工程 66kV 及以下架空电力线路施工及验收规范》（GB 50173—2014）8.1.7：放、紧线过程中，导线不得在地面、杆塔、横担、架构、绝缘子及其他物体上拖拉，对牵引线头应设专人看护。

【原因分析】

紧线时导线放在铁横担上，主要原因为施工人员没有保护导线不受损害的意识。他们以为用放线滑车就是为了省力，在拖不动导线或为了减轻拉力的情况下才使用放线滑车，没有意识到放线滑车还有一个功能是保护导线不受损害。

【防控措施】

应注重质量技能的日常教育培训工作。建议每月每项目部质量技能教育培训不少于一次，作为一项考核内容。教育培训内容可由各项目部自行提出，主要针对本项目部的薄弱环节，由专业主管部门准备培训教材进行培训教育。时间可由各项目部和专业管理部门直接联系，尽量不影响正常工作。其他班组也可参照此办法进行日常的质量技能培训教育，以尽快提升质量技能素质，夯实质量基础。

案例七 电杆放置不妥易造成永久性弯曲

【案例描述】

2013 年 6 月 25 日上午，检查 10kV 庆丰 G143 线跃进分线改造等工地。发现问题：电杆放置不妥易造成永久性弯曲，如图 6-7 所示。

图 6-7 电杆放置不妥易造成永久性弯曲

【相关规定】

《电气装置安装 66kV 及以下架空线路施工及验收规范》（GB 50173—

2014）3.3.1：环形混凝土电杆质量应符合现行国家标准《环形混凝土电杆》（GB/T 4623—2014）的规定，安装前应进行外观检查，且应符合杆身弯曲不应超过杆长的 1/1000 的规定。

【原因分析】

水泥杆两端放置在地上，中间部分悬空，放置不妥造成永久性弯曲，既影响电杆的承受力，又有碍美观。施工作业人员贪图省力，随地一放，不管电杆质量，有的地方还随意放在路面上，造成道路交通隐患。电杆弯曲严重，可能是在运输、装卸过程中野蛮施工造成，也可能是在连接、移位、吊装时造成，主要还是施工作业人员在思想上对电杆弯曲这种现象没有足够重视，一味追求快速、方便，不顾质量。

【防控措施】

电杆的现场放置要加强教育和检查管理：①确保放置平稳，保证电杆的弯曲度符合标准；②放置牢固，不能有滚动、翘动的现象；③注意放置在道路边的电杆不得有影响行人、车辆安全通行的隐患，必要时应设置警示标志，防止交通安全事故的发生。对诸如电杆弯曲严重等事例，应加强材料的验收和检查，发现不符合相关规程规定的一律停止施工，重新调换材料，重新施工，在分清责任的基础上，根据责任大小赔偿材料和误工损失，促使施工队伍重视施工质量。

案例八　导线各相弧垂严重不一致

【案例描述】

2013 年 10 月 16 日上午，检查 10kV 徐埭 G255 线新王圩分线迁移工程工地。发现问题：新架设线路（10kV 徐埭 G255 线新王圩分线 10 号杆至石雪港支线 1 号杆）三相导线弧垂严重不一致，如图 6-8 所示。

图 6-8　三相导线弧垂严重不一致

【相关规定】

《电气装置安装工程 66kV 及以下架空电力线路施工及验收规范》（GB 50173—2014）8.5.7：紧线弧垂在挂线后应随即在该观测档检查，其允许偏差应符合下列规定：1、弧垂允许偏差应符合相关规定（10kV 及以下：允许偏差±5%）。8.5.8：导线或架空地线各相间的弧垂应保持一致，当满足本规范第 8.5.7 条的弧垂允许偏差标准时，各相间弧垂的相对偏差最大值应符合规定：相间弧垂相对偏差最大值应符合相关规定（10kV 及以下相间弧垂允许偏差最大值为 50mm）。

【原因分析】

新架设线路（10kV 徐埭 G255 线新王圩分线 10 号杆至石雪港支线 1 号杆）三相弧垂严重不一致，该明显缺陷在验收时没有发现提出，没有提出书面整改意见。施工班组自验收和验收人员的验收浮于表面。在重视安全的前提下，施工质量已被施工人员和验收人员抛诸脑后，只关注送电是否成功而忽视了施工质量。

【防控措施】

对于新架设线路三相弧垂严重不一致的问题应：①要落实项目部人员

在加强安全管理的同时，加强工程质量的督促、检查和管理，从严把关，切实提高施工人员按规定施工的自觉性；②加强验收人员的责任心，发现问题必须要求及时整改，并对整改结果予以再次验收，切实提高工程施工质量。对经过验收的工程，若发现质量问题，必须联责考核验收人员，验收人员实行终身负责制。

案例九　电杆连接不规范造成弯曲

【案例描述】

2014 年 1 月 2 日上午，检查 10kV 文丰线 109 号杆～114 号杆架线及改接等工地。发现问题：电杆连接时不规范造成电杆弯曲严重，如图 6-9 所示。

图 6-9　电杆连接时不规范造成电杆弯曲严重

【相关规定】

《电气装置安装 66kV 及以下架空线路施工及验收规范》（GB 50173—2014）3.3.1：环形混凝土电杆质量应符合现行国家标准《环形混凝土电杆》（GB/T 4623—2014）的规定，安装前应进行外观检查，且应符合杆身弯曲不应超过杆长 1/1000 的规定。

【原因分析】

电杆连接时不规范造成电杆弯曲严重的原因为：①装卸电杆贪图方便，随处放置；②连接时不注意先校正后连接，造成电杆永久性弯曲。施工人员欠缺质量意识，只关注立杆是否完成，不注重质量和美观。

【防控措施】

对电杆放置和连接应引起各施工班组的注意，从电杆运输、装卸、放置到连接都应注意小心轻放，并注意放置平整，不能长时间放置在高低不平或悬空的地方。连接电杆时应注意先校正后连接，使得电杆连接后挠度符合要求。验收时应注意这方面的检查。

案例十 新立电杆回填土不够

【案例描述】

2014 年 3 月 25 日下午，检查毛家埭台区 0.4kV 北 C 线工地。发现问题：新立电杆回填土不够，如图 6-10 所示。

图 6-10 新立电杆回填土不够

【相关规定】

《电气装置安装 66kV 及以下架空线路施工及验收规范》（GB 50173—2014）5.0.8：杆塔基础坑及拉线基础坑回填，应符合设计要求；应分层夯实，每回填 300mm 厚度应夯实一次。坑口的地面上应筑防沉层，防沉层的上部边宽不得小于坑口边宽。其高度应根据土质夯实程度确定。基础验收时宜为 300～500mm。经过沉降后应及时补填夯实。工程移交时坑口回填土不应低于地面。沥青路面、砌有水泥花砖的路面或城市绿地内可不留防沉土台。

【原因分析】

新立电杆回填土不够的主要原因是施工班组贪图省力，立杆施工的回填土没有根据要求层层夯实且高出地面 300mm，而是没有夯实，填平了事。过了一段时间，经过雨水的冲刷，回填土下陷必然造成电杆四周空陷。

【防控措施】

新立电杆回填土必须高出地面 300mm 并层层夯实。工作负责人应指挥、督促作业人员做好电杆回填土工作。验收人员应关注电杆回填土质量，发现问题，及时指出并纠正。

案例十一　临时拉线钢丝绳受力端安装在 UT 型线夹凸出侧

【案例描述】

2014 年 4 月 10 日上午，检查 10kV 平廊 G707 线改道工程等工地。发现问题：临时拉线钢丝绳受力端安装在 UT 型线夹凸出侧，如图 6-11 所示。

【相关规定】

《电气装置安装 66kV 及以下架空线路施工及验收规范》（GB 50173—

2014）7.5.2：拉线的安装应符合规定：当采用UT线夹及楔形线夹固定安装时，线夹舌板与拉线接触应紧密，受力后无滑动现象，线夹凸肚在尾线侧，安装时不应损伤线股，线夹凸肚朝向应统一。

图 6-11 临时拉线钢丝绳受力端安装在UT型线夹凸出侧

【原因分析】

临时拉线钢丝绳受力端安装在UT型线夹凸出侧，说明员工对拉线安装技能欠缺，没有正确安装UT型线夹的观念和技能。

【防控措施】

拉线尾线安装在UT型线夹的凸出侧，而拉线的受力端应安装在UT型线夹的平面侧，这样受力会更好。要加强技能教育，努力提升员工的生产技能。

案例十二 直埋电缆埋设问题

【案例描述】

2014年9月10日上午，检查中心社区4号配变业扩0.4kV线路架设等工地。发现问题：①电缆保护管没有深入地下；②电缆沟深度不符合要求；③地下直埋电缆没有任何保护措施，如图 6-12 所示。

图 6-12　直埋电缆埋设问题

【相关规定】

《电力电缆及通道运维规程》（Q/GDW 1512—2014）5.2.7：在下列地点电缆应有一定机械强度的保护管或加装保护罩：电缆进入建筑物、隧道、穿过楼板及墙壁处；从沟道引至铁塔（杆）、墙外表面或屋内行人容易接近处，距地面高度 2m 以下的一段保护管埋入非混凝土地面的深度应不小于 100mm；伸出建筑物散水坡的长度应不小于 250mm。保护罩根部不应高出地面。5.6.1：一般规定：直埋电缆不得采用无防护措施的直埋方式；5.6.2：直埋技术要求：直埋电缆的埋设深度一般由地面至电缆外护套顶部的距离不小于 0.7m，穿越农田或在车行道下时不小于 1m。在引入建筑物、与地下建筑物交叉及绕过建筑物时可浅埋，但应采取保护措施。

【原因分析】

电缆保护管没有深入地下、电缆沟深度不符合要求，是施工人员对工程施工、质量要求没能掌握或执行，贪图省力，也是专业主管部门没能严格把握验收关，没能在施工中、竣工前检查、督促施工单位严格按相关要求进行施工的结果。电缆埋深不够，是比较典型的偷工减料行为。由于电缆埋设深度不够等原因造成触电等人身伤害事故，追究责任者的事例层出不穷，施工人员特别是工作负责人都漠视了这一点。电缆埋设没能达到设计要求，弯曲上来势必影响到电缆保护管的规范安装。地下直埋电缆没有任何保护措施，遗留下严重的安全隐患，有可能会造成人身伤亡事故。究其原因：①看设计上是否有相关保护要求；②如果设计上有保护要求，则要看施工单位相关保护材料等有没有上报、审批、领用；③如果相关保护材料有领用的话，则要看施工班组有没有按图施工；④看相关验收资料里有没有该项验收内容。

【防控措施】

对隐蔽工程应加大监管力度，在施工前应开展质量第一的宣传和教育工作：①加强隐蔽工程质量的督促和检查，提高施工人员按图施工的自觉性，在施工中应检查、督促施工单位严格按图施工，杜绝偷工减料、野蛮施工等行为；②要加强验收人员的责任性，严格把好验收关，发现不符要求的，出具书面整改通知书要求限期整改，整改完毕要求书面报告，验收人员应及时检查（或抽查）整改项目是否按整改要求全部整改完毕，实事求是对整改项目进行评价，全部合格者出具书面通知单告知施工方。不合格或部分不合格则出具再整改通知书，继续整改，直至整改全部合格为止。切实提高工程施工质量。对经过验收的工程，发现质量问题，必须考核验收人员。对电缆等埋设深度问题，建议作为重要质量控制节点予以长期有效的管理和控制，以达到或超过设计要求。建议各项目经理对各处电缆或接地体的埋设情况进行经常性检查和督促，并书面予以记录，存档备查。

案例十三　铁质放线架顶在铝导线上

【案例描述】

2014 年 9 月 28 日上午，检查 10kV 文丰 G135 线改接工程等工地。发现问题：铁质放线架顶在铝导线上，极易损坏铝导线，如图 6-13 所示。

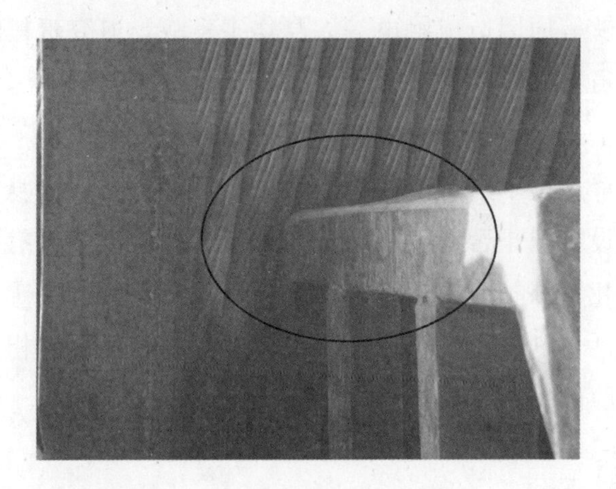

图 6-13 铁质放线架顶在铝导线上

【相关规定】

《电气装置安装工程 66kV 及以下架空电力线路施工及验收规范》（GB 50173—2014）8.1.7：放、紧线过程中，导线不得在地面、杆塔、横担、架构、绝缘子及其他物体上拖拉，对牵引线头应设专人看护。

【原因分析】

铁质放线架顶在铝导线上，可能是为了防止导线滚动而特意加塞的，但这样在车辆行驶和导线拖放过程中极易损坏铝导线，破坏了导线的机械强度和导电性能。

【防控措施】

汽车运输物资，包括电杆、导线、绝缘子、设备和仪器仪表等，各有相关的要求，希望专业主管部门根据生产实际，收集一些相关专业知识，发放给各施工单位供他们（特别是汽车驾驶员和工作负责人）学习，便于在运输各类物资时能采取相应的安全措施，避免发生交通安全事故和损坏所承运物资的事故。

案例十四 立杆作业没有电杆回填土夯实工具

【案例描述】

2014年12月29日上午，检查新河北台区0.4kV线路综合改造工程工地。发现问题：立杆作业没有电杆回填土夯实工具（经询问无专用夯实工具，已要求添置），如图6-14所示。

图6-14 立杆作业没有电杆回填土夯实工具

【相关规定】

《电气装置安装66kV及以下架空线路施工及验收规范》（GB 50173—2014）5.0.8：杆塔基础坑及拉线基础坑回填，应符合设计要求；应分层夯实，每回填300mm厚度应夯实一次。坑口的地面上应筑防沉层，防沉层的上部边宽不得小于坑口边宽。其高度应根据土质夯实程度确定。基础验收时宜为300～500mm。经过沉降后应及时补填夯实。工程移交时坑口回填土不应低于地面。沥青路面、砌有水泥花砖的路面或城市绿地内可不留防沉土台。

【原因分析】

电杆回填土没有夯实，经过雨水的冲刷，电杆就东倒西斜，对电杆的稳定和美观度有着很大的影响。该案例出现的主要原因是思想上不重视，行为上不落实，工器具不齐备，施工人员贪图省力。

【防控措施】

各施工项目部应配齐电杆夯实工具，项目经理和验收人员、运行人员也要严格把关，彻底杜绝电杆回填土没有夯实这类问题。

案例十五 电缆管道封堵不严密

【案例描述】

2015 年 1 月 6 日上午，检查 10kV 永兴路架空线路入地工程等。发现问题：电缆管道封堵不严密（已指出并当即整改），如图 6-15 所示。

图 6-15 电缆管道封堵不严密

【相关规定】

《电力电缆及通道运维规程》（Q/GDW 1512—2014）5.5.4：在封堵电缆孔洞时，封堵应严实可靠，不应有明显的裂缝和可见的缝隙，孔洞较大者应加耐火衬板后再进行封堵。

【原因分析】

电缆管道封堵不严密，是封堵不认真、不细致所致，加上管道变形、热胀冷缩形成。用电缆防火堵料封堵空的洞孔，由于材料特性的原因，很难封堵严密。

【防控措施】

电缆管道封堵不严密问题，既要加强现场施工管理，提升封堵质量，又要研究改进封堵方法和材料，使封堵效果更好，更长效。

案例十六　裸导线扎线前未使用铝包带进行保护

【案例描述】

2015 年 5 月 13 日上午，检查蒋家浜台区 0.4kV 线路改造等工地。发现问题：裸导线扎线固定前未使用铝包带进行保护，如图 6-16 所示。

图 6-16　裸导线扎线固定前未使用铝包带进行保护

【相关规定】

《电气装置安装 66kV 及以下架空线路施工及验收规范》（GB 50173—

2014）8.6.1：导线的固定应牢固、可靠，且应符合规定：裸铝导线在绝缘子或线夹上固定应缠绕铝包带，缠绕长度应超出接触部分30mm。铝包带的缠绕方向应与外层线股的绞制方向一致。

【原因分析】

裸导线扎线固定前未使用铝包带进行保护，主要有两个原因：①不知道裸导线扎线固定前需要铝包带保护；②没有把铝包带带至施工现场，怕麻烦就省略了。

【防控措施】

加强对施工安全质量管理，发挥项目经理的现场监督作用。对发现施工中的安全质量问题，在对施工班组进行考核的同时，应对项目经理一并进行连带考核，使其尽心尽职，做好现场的安全质量监督管理工作。

案例十七　柱式绝缘子和螺栓不使用垫片

【案例描述】

2015年5月23日上午，检查新建10kV塘桥线齐心线工程等工地。发现问题：柱式绝缘子安装时不使用垫片，如图6-17所示。

图6-17　柱式绝缘子安装时不使用垫片

【相关规定】

《电气装置安装66kV及以下架空线路施工及验收规范》（GB 50173—2014）8.6.9：安装针式绝缘子、线路柱式绝缘子时应加平垫及弹簧垫圈，安装应牢固。

【原因分析】

柱式绝缘子安装时不使用垫片，原因包括：①物资上进货时就没有配备垫片，导致安装时没有垫片；②施工班组缺乏质量意识，没有垫片继续安装，既没有向专业主管部门反映，也没有另行配置垫片加上。螺栓没有加装垫片，是质量意识淡薄、质量观念不强的体现，也是项目经理平时疏于管理的结果。

【防控措施】

柱式绝缘子在进货时，应要求配置平垫片和弹簧垫片。在安装时，应检查有无平垫片和弹簧垫片，没有的要及时配置。安装后如有发现垫片没有或不全，应按质量缺陷进行相应的处罚和考核。螺栓没有加装垫片的问题，比较常见，建议各类检查人员重视这个问题，项目经理也要经常督促和检查各施工班组的实际装配情况，发现问题及时予以指出并落实整改到位。

案例十八 电杆倾斜严重

【案例描述】

2016年3月18日上午，检查10kV城投公司城北路西侧地块线路迁移工程工地。发现问题：电杆倾斜严重，如图6-18所示。

【相关规定】

《电气装置安装66kV及以下架空线路施工及验收规范》（GB 50173—

2014）7.3.6：单电杆立好后应正直，位置偏差应符合规定：直线杆的横向位移不应大于 50mm；直线杆的倾斜，10kV 以上架空电力线路不应大于杆长的 3‰；10kV 及以下架空电力线路杆顶的倾斜不应大于杆顶直径的 1/2。

图 6-18 电杆倾斜严重

【原因分析】

电杆倾斜严重影响了工程质量和美观度，是施工班组忽视施工质量的体现。由于在立杆过程中没有及时进行校正，留下隐患，在架线过程中就更不会进行电杆的校正。电杆倾斜问题相当普遍，有些是立杆回填土不足，没有分层夯实，有些施工班组甚至没有夯实工具，立杆时没有认真回填土夯实，没能及时整杆，认为还要架线，到时再整杆。到了架线的时候，又往往忘了整杆的事情；有些是立杆时没有及时进行校正，致使架线后导线刚固定电杆就永久倾斜了。新立电杆架好导线后向前倾斜，应是施工技能问题，紧线前没有预偏，也没有根据需要设置临时拉线，待导线紧好后发现电杆已向前倾斜，再想整杆已很困难。严重影响施工质量，又极不美观。新立电杆倾斜，也体现了施工班组对施工质量不够重视，认为只要不倒下来就没事，这也是施工技能欠佳的表现，没有做好电杆预偏措施，导线收紧，电杆就向线路方向倾斜。

【防控措施】

加强对电杆倾斜度的验收检查，发现问题及时要求整改，并进行复查。项目经理要关注：①对回填土的检查，并检查一下自己所辖的施工班组夯实工具是否齐备充足，必要时要求及时增补；②检查立杆阶段对电杆的校正措施和行动，千万不要把倾斜的电杆留给后续阶段处理。新立电杆在立杆时应设置底盘，电杆竖立后回填土并分层夯实，紧线时承力杆应向拉线方向适当预偏，并设置临时拉线。紧线时，察看并根据电杆倾斜程度，适当调整拉线。紧线后应确保电杆向拉线侧偏半个杆梢。加强质量管理，强化验收效能。对电杆回填土不足不实等共性施工质量问题，建议重点予以教育和查处，在施工工器具核查中应检查夯柱是否具备；在施工检查中应检查回填土是否填足夯实；在竣工验收中应检查电杆是否倾斜。只有全面加强工程质量管理，强化验收效能，才能逐渐改进电杆倾斜等质量问题，进而慢慢形成“质量第一”的良好氛围。新立电杆必须关注电杆是否倾斜，如有倾斜必须立即予以整杆。回填土应填充到位并逐层夯实，确保电杆无倾斜。针对回填土普遍缺少，夯实不到位的现象，建议制订立杆质量考核细则，对项目经理应加强教育和考核，由项目经理进行检查，发现问题立即整改。加强新设备的投运前验收把关，对施工质量不符验收要求的能立即整改的立即整改，不能立即整改的应限定时间要求整改，并要求有整改回单和证据（如照片等）。项目经理没有发现问题经验收人员发现的，对项目经理予以考核；验收人员没有发现问题，经领导或专业管理部门人员发现的，对验收人员予以考核。

案例十九 低压母排上没有相色标志

【案例描述】

2016 年 8 月 11 日上午，检查振广西路一号公变 0.4kV 配电室安装计量装置工地。发现问题：低压母排上没有相色标志。如图 6-19 所示。

图 6-19 低压母排上没有相色标志

【相关规定】

《农村低压电力技术规程》（DL/T 499—2001）4.4.12：母线应按下列规定涂漆相色：U 相为黄色，V 相为绿色，W 相为红色，中性线为淡蓝色，保护中性线为黄和绿双色。

【原因分析】

低压母排上没有相色标志，这是设备制造、安装过程中的问题，可能是疏忽遗漏所致。

【防控措施】

低压母排上应有明显的相色标志，建议总包单位加强对设备制造、安装过程的监管，客户经理在验收时也应注意该问题。

案例二十 设备线夹钻孔后没有处理毛糙部分

【案例描述】

2018 年 2 月 10 日上午，检查 10kV 建中 G679 线 35 号杆至衙前北一级支线1号杆线路迁移工程等工地。发现问题：设备线夹钻孔后没有处理毛糙部分，如图6-20所示。

图6-20 设备线夹钻孔后没有处理毛糙部分

【相关规定】

《电气装置安装66kV及以下架空线路施工及验收规范》(GB 50173—2014) 3.5.6：金具组装配合应良好，安装前应进行外观检查，且应符合规定：铸铁金具表面应光洁，并应无裂纹、毛刺、毛边、砂眼、气泡等缺陷，镀锌应良好，应无锌层剥落、锈蚀现象；铝合金金具表面应无裂纹、缩孔、气孔、渣眼、砂眼、结疤、凸瘤、锈蚀等。

【原因分析】

设备线夹钻孔后没有处理毛糙部分，说明从作业人员到工作负责人质量意识极其淡薄，没有意识到这种问题会给运行工作带来极大的危害，也可能存在只顾施工送电顺利，不顾后期运行安全的错误思想。

【防控措施】

质量问题应引起各级管理部门的重视，建议在现场安全督察、到岗到位等各类安全检查中重视质量问题，检查质量和检查安全同步进行，特别是各类连接部位，如果施工中存在质量问题，发生运行事故将会严重影响线路设备的正常运行，带来负面的社会影响和直接的经济损失。对质量问题同样要依据相关规定或合同予以考核或处罚，尽快提升整体施工质量水平。

案例二十一 接地体埋设深度严重不足

【案例描述】

2018年9月27日上午，检查10kV鸿翔建设集团公司1号、2号临时用电配电工程等工地。发现问题：接地体埋设深度严重不足，如图6-21所示。

图6-21 接地体埋设深度严重不足

【相关规定】

《10kV及以下架空配电线路设计技术规程》（DL/T 5220—2005）12.0.12：配电线路通过耕地时，接地体应埋设在耕作深度以下，且不宜小于0.6m。

【原因分析】

接地体的埋设深度仅0.4m左右，主要原因为施工单位偷工偷懒。此前经过对电缆、接地体等埋设深度的检查和整治，情况已经改观。但再次出现这种违规现象，说明管理和整治在长效上还要加以改进。

【防控措施】

质量是施工的生命线，要克服重安全、轻质量的思想观念，在确保安全生产的同时，也要注重百年大计质量第一。对缺乏安全生产知识或生产技能知识的施工队伍开展安全知识和生产技能教育。建议营业所、检修（建设）工区（线路）、各施工队伍每月或每季根据自身实际情况提出需要教育的内容，根据缺什么教什么的原则，由专业管理部门平衡后每月进行安全知识和生产技能教育，从而提升施工队伍的安全、质量意识和技能。建议在布置落实检查安全生产的同时，也要布置落实检查质量工作，特别要注重隐蔽工程（如接地线、电缆等的埋设深度），各级安全督查队伍在现场督查安全生产的同时，也要督查质量工作。

案例二十二 接户线接户处固定不可靠

【案例描述】

2018 年 12 月 18 日上午，检查顾家浜台区 0.4kV 北线 6 号杆～12 号杆等接户线调换工地。发现问题：接户线接户处固定不可靠，如图 6-22 所示。

图 6-22 接户线接户处固定不可靠

》【相关规定】

《架空配电线路及设备运行规程》（试行）（SD 292—88）3.2.17：接户线的支持构架应牢固，无严重锈蚀、腐朽。

》【原因分析】

接户线接户处固定不可靠，主要原因有：①原先接户处固定就不牢靠；②可能是接户线拆装过程中损坏。施工单位质量意识薄弱，只想着接通接户线，忽视了施工质量。

》【防控措施】

接户线接户处的固定因固定处的不确定性，特别要注意文明施工。拆、装接户线时应小心轻拉，避免固定物脱落或松动。如有（或原先就有）脱落或松动，应想办法予以可靠固定，绝不能临时用线拉住。由于固定处陈旧、破损，无法可靠固定的，应联系业主一起协商解决，绝不能随意处置，遗留隐患。

案例二十三　用木棍代替夯柱使用

》【案例描述】

2018年12月18日上午，检查张家公变0.4kV配电箱至北线1号杆调换电缆、立杆调线等工地。发现问题：用木棍代替夯柱使用，如图6-23所示。

》【相关规定】

《电气装置安装66kV及以下架空线路施工及验收规范》（GB 50173—2014）5.0.8：杆塔基础坑及拉线基础坑回填，应符合设计要求；应分层夯实，每回填300mm厚度应夯实一次。坑口的地面上应筑防沉层，防沉层的上部边宽不得小于坑口边宽。其高度应根据土质夯实程度确定。基础验收时宜为 300～500mm。经过沉降后应及时补填夯实。工程移交时坑口回填土不应低于地面。沥青路面、砌有水泥花砖的路面或城市绿地内可不留防沉土台。

图 6-23 用木棍代替夯柱使用

【原因分析】

因回填土不夯实导致电杆倾斜严重，这类现象比较普遍，主要是施工质量意识不强，立杆时没有使用夯柱将回填土夯实，没能及时整杆。

【防控措施】

加强质量管理，强化验收效能。对电杆回填土不足不实等共性施工质量问题，建议重点予以教育和查处，在施工工器具核查中应检查夯柱是否具备；在施工检查中应检查回填土是否填足夯实；在竣工验收中应检查电杆是否倾斜。只有加强工程质量管理，强化验收效能，才能逐渐改进电杆倾斜等质量问题，进而慢慢形成“质量第一”的良好氛围。

项目七

安全性票据案例

【项目描述】

本项目包含安全性票据填写、审核、签发与执行等内容。通过案例分析，了解安全性票据填写、审核、签发与执行中的常见问题；熟悉安全性票据填写、审核、签发与执行的相关规定要求；掌握安全性票据填写、审核、签发与执行的技能。

案例一　工作票上填写需要挂设的接地线实际上未挂设

【案例描述】

2013 年 1 月 9 日上午，检查 10kV 北美 G804 线兴平四路分线 14 号杆路灯变调换计量箱等工地。发现问题：工作票上填写需要挂设的接地线实际上未挂设，如图 7-1 所示。

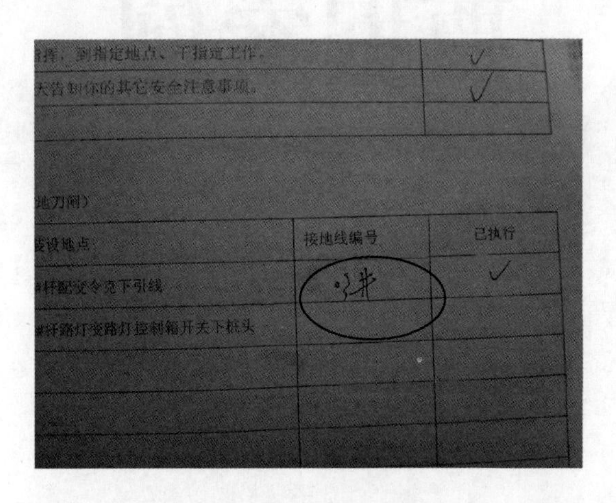

图 7-1　工作票上填写需要挂设的接地线实际上未挂设

【相关规定】

《国家电网公司电力安全工作规程（配电部分）》3.3.12：工作票所列人员的安全责任。3.3.12.2：工作负责人：①正确组织工作。②检查工作票所列安全措施是否正确完备，是否符合现场实际条件，必要时予以补充完善。③工作前，对工作班成员进行工作任务、安全措施交底和危险点告知，并确认每个工作班成员都已签名。④组织执行工作票所列由其负责的安全措施。⑤监督工作班成员遵守本规程、正确使用劳动防护用品和安全工器具以及执行现场安全措施。⑥关注工作班成员身体状况和精神状态是否出现异常迹象，人员变动是否合适。

【原因分析】

工作票上注明需要挂设的接地线，工作票上也填写了接地线的编号，打“√”执行完毕的现场安全措施，实际却没有执行。这说明一些施工人员特别是工作负责人对现场安全措施的执行还是敷衍了事，票面上看起来执行的很完整很好，但实际上没有执行。

【防控措施】

现场安全措施的执行问题，主要还是思想问题。要进行安全思想教育，指出危害，分析后果，进行讨论，在此基础上提高思想认识，提出整改意见，并在以后的实际工作中予以切实执行。加强督查，对现场安全措施实际执行情况予以重点关注，发现执行良好的，予以表彰和奖励，发现违规情况，严加处罚并通报批评。

案例二 工作票上停电安全措施不符合配电安规要求

【案例描述】

2013 年 2 月 28 日上午，检查 10kV 六区 G603 线日本电产综合服务分线绿杨饭店临时变拆除工程工地。发现问题：工作票上填写的改为冷备用状态但挂设接地线，如图 7-2 和图 7-3 所示。

【相关规定】

《国家电网公司电力安全工作规程（配电部分）》4.1：在配电线路和设

备上工作保证安全的技术措施：4.1.1：停电。4.1.2：验电。4.1.3：接地。4.1.4：悬挂标示牌和装设遮栏（围栏）。

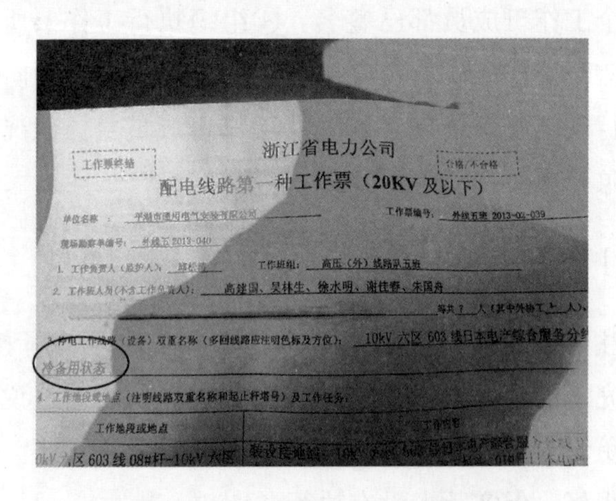

浙江省电力公司

工作票终结　　　　合格/不合格

配电线路第一种工作票（20KV及以下）

单位名称：

工作票编号：

现场勘察单编号：外线五 2013-040

1. 工作负责人（监护人）：　　工作班组：高压（外）线路队五班

2. 工作班人员（不含工作负责人）：高建国、吴林生、徐水明、谢佳春、朱国舟

等共 7 人（其中外协工 人），

3. 停电工作线路（设备）双重名称（多回线路应注明色标及方位）：10kV 六区 603 线日本电产综合服务分

冷备用状态

4. 工作地段或地点（注明线路双重名称和起止杆塔号）及工作任务：

工作地段或地点	工作内容
10kV 六区 603 线 08#杆~10kV 六区	装设接地线：10kV ……

图 7-2　工作票上填写改为冷备用状态

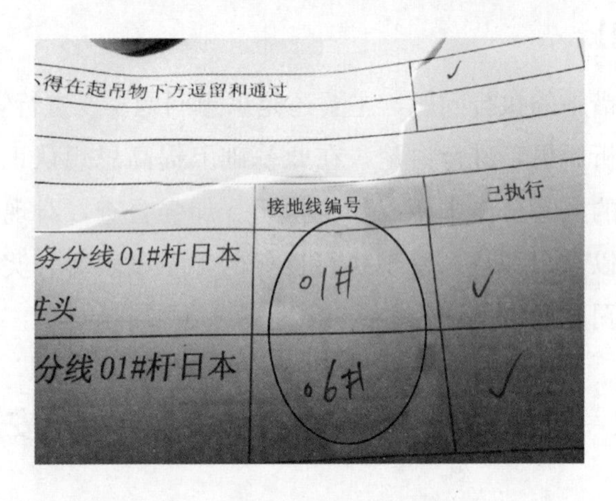

不得在起吊物下方逗留和通过　✓

	接地线编号	已执行
务分线 01#杆日本……柱头	01#	✓
分线 01#杆日本	06#	✓

图 7-3　工作票上有接地线

【原因分析】

工作票上填写改为冷备用状态；既然是冷备用，又挂设接地线。这是对线路状态的不了解，也是对工作票填写和执行的不理解。当天是有检修（建设）工区（线路）派人带电断开该配变引线的，所以施工班组就搞不清楚怎么在工作票上正确填写了。

【防控措施】

各项目部的安全技术教育工作要抓紧落实，利用各种学习平台，在安全、技能、质量等诸方面进行教育学习。可利用雨天等空闲时间，由项目部提出要求，进行有针对性的教育学习，以提高成效。建议每个营业所、检修（建设）工区（线路）、每个项目部每月或每季根据自身实际情况提出需要教育学习的内容，根据缺什么教什么的原则，由专业主管部门平衡后每月进行教育学习，以提升施工队伍的安全、生产、质量意识和技能。

案例三 装设接地线的线路名称和工作票上停电线路名称不一致

【案例描述】

2013 年 3 月 25 日上午，检查诚泰房地产业扩，立杆、架线及配变安装等工地。发现问题：工作票上停电线路名称和装设接地线的线路名称不一致，如图 7-4 所示。

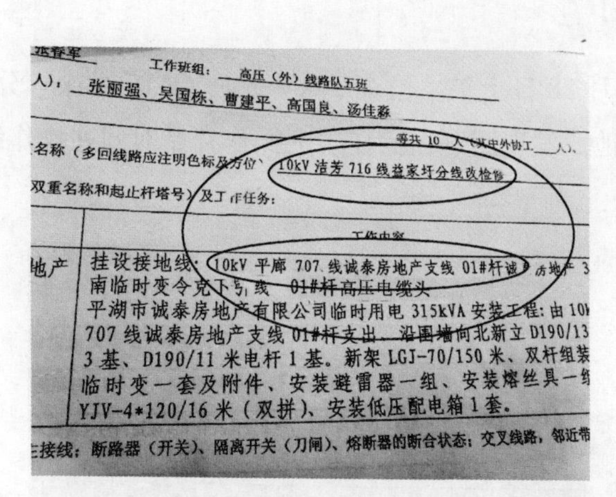
工作班组：高压（外）线路队五班
人）：张丽强、吴国栋、曹建平、高国良、汤佳淼
等共 10 人（其中外协工___人）、
名称（多回线路应注明色标及方位 10kV 洁芳 716 线益家圩分线改检修
双重名称和起止杆塔号）及工作任务：
工作内容
地产 | 挂设接地线：10kV 平廊 707 线诚泰房地产支线 01#杆诚泰房地产 3
南临时变令克下引线 01#杆高压电缆头
平湖市诚泰房地产有限公司临时用电 315kVA 安装工程：由 10k
707 线诚泰房地产支线 01#杆支出，沿围墙向北新立 D190/13
3 基、D190/11 米电杆 1 基。新架 LGJ-70/150 米、双杆组装
临时变一套及附件、安装避雷器一组、安装熔丝具一组
YJV-4*120/16 米（双拼）、安装低压配电箱 1 套。
接线：断路器（开关）、隔离开关（刀闸）、熔断器的断合状态；交叉线路，邻近带

图 7-4 工作票上停电线路名称和装设接地线的线路名称不一致

【相关规定】

《国家电网公司电力安全工作规程（配电部分）》3.3.8.1：工作票由工作负责人填写，也可由工作票签发人填写。3.3.8.4：工作票应由工作票签

发人审核，手工或电子签发后方可执行。

【原因分析】

工作票上停电线路名称和装设接地线的线路名称不一致，体现了工作票签发人（或工作负责人）填写、审核、签发工作票极不认真细心的作风。工作票签发人和工作负责人都是班组的骨干，更应认真细致地对待工作票内容。也反映出施工单位的整体安全素质较低。

【防控措施】

填写、审核工作票必须认真细心，提高安全性票据填写、签发的责任心，加强教育和培训，辅以必要的经济考核。

案例四　操作票上操作开始时间在操作结束时间之后

【案例描述】

2013 年 3 月 28 日上午，检查 10kV 北河 G115 线徐丰分线改道立杆架线配合停电工地。发现问题：操作票上操作开始时间在操作结束时间之后，如图 7-5 所示。

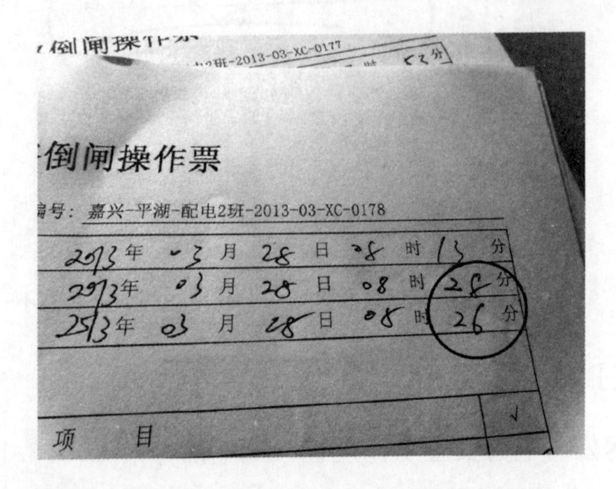

倒闸操作票

编号：嘉兴—平湖—配电2班—2013-03-XC-0178

2013年 03 月 28 日 08 时 13 分
2013年 03 月 28 日 08 时 28 分
2013年 03 月 28 日 08 时 26 分

项　目

图 7-5　操作票上操作开始时间在操作结束时间之后

【相关规定】

《国家电网公司电力安全工作规程（配电部分）》5.2.6.2 现场倒闸操作应执行唱票、复诵制度，宜全过程录音。操作人应按操作票填写的顺序逐项操作，每操作完一项，应检查确认后做一个“√”记号，全部操作完毕后进行复查。复查确认后，受令人应立即汇报发令人。

【原因分析】

操作票上操作开始时间在操作结束时间之后，这是对执行操作票的极其不认真的表现，主要还是思想上不重视，行为上严重违规所致。

【防控措施】

加强对操作票填写、执行的考核，首先要提高操作票填写、执行的责任心，加强督查和考核。对发现的操作票填写或执行问题，应每月做一次点评，分析错误原因，提出整改措施，并予以处罚。

案例五　防低压反送电措施缺失

【案例描述】

2013 年 12 月 12 日上午，检查新建 10kV 文丰线 49 号杆～90 号杆架线工程工地。发现问题：华美制衣和祥中自来水厂配变侧未采取防止低压反送电防范措施，如图 7-6 所示。

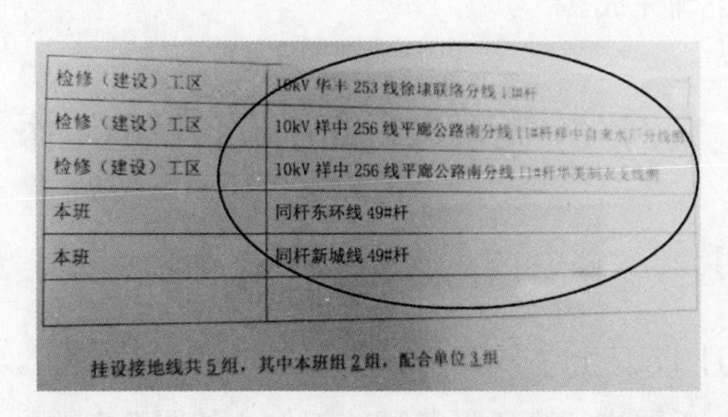

检修（建设）工区	10kV 华丰 253 线徐埭联络分线 [illegible]
检修（建设）工区	10kV 祥中 256 线平廊公路南分线 [illegible]
检修（建设）工区	10kV 祥中 256 线平廊公路南分线 [illegible]
本班	同杆东环线 49#杆
本班	同杆新城线 49#杆

挂设接地线共 5 组，其中本班组 2 组，配合单位 3 组

图 7-6　华美制衣和祥中自来水厂配变侧未采取防止低压反送电防范措施

【相关规定】

《国家电网公司电力安全工作规程（配电部分）》4.2.1：工作地点，应停电的线路和设备。4.2.1.5：有可能从低压侧向高压侧反送电的设备。4.2.1.6：工作地段内有可能反送电的各分支线（包括用户，下同）。4.2.1.7：其他需要停电的线路或设备。

【原因分析】

华美制衣和祥中自来水厂配变侧未采取任何防范低压反送电措施，主要是现场勘察不够认真，也可能是贪图省力，自以为没有反送电的可能。暴露了现场勘察人员安全警觉性不高，防范低压反送电的意识极差等问题。

【防控措施】

由于现在各行各业服务要求和经营方面的需要，小型发电机及移动发电机较多，这就需要工作人员极其认真地对待这个问题，而不是得过且过，疏忽大意。对所有低压线路和客户均应视为有可能返回低压电源的危险，应相应采取停电、验电、装设接地线的安全措施。曾经发生过由于安全措施不到位而使低压反送电到高压线路上致人死亡的事故，应引起足够重视。对现场勘察质量予以考核，凡由于现场勘察不认真、不仔细而造成安全措施不够全面的，应主要考核勘察负责人及勘察人员，倒逼现场勘察认真、细心、全面、正确完成。

案例六　无票进行高压设备试验工作

【案例描述】

2014 年 3 月 17 日上午，检查纵贯机械有限公司业扩，电缆敷设等工地。发现问题：无票进行高压设备试验工作，如图 7-7 所示。

图 7-7 无票进行高压设备试验工作

【相关规定】

《国家电网公司电力安全工作规程（配电部分）》11.2.1：配电线路和设备的高压试验应填用配电第一种工作票。在同一电气连接部分，许可高压试验工作票前，应将已许可的检修工作票全部收回，禁止再许可第二张工作票。一张工作票中，同时有检修和试验时，试验前应得到工作负责人的同意。

【原因分析】

无票进行高压设备试验工作，是严重违反《国家电网公司电力安全工作规程（配电部分）》规定的行为。如此大胆的违规行为很少见。说明项目经理现场管理问题多多。

【防控措施】

据了解，当天工作没有高压试验这一项目的，所以线路施工工作票中没有试验任务，也没有其他的工作票。这个试验任务是否有指派，试验人员是否有相应证书的问题应该调查清楚，在此基础上进行有针对性的处罚。

案例七 冷备用状态条件下许可工作

【案例描述】

2014 年 3 月 17 日上午，检查纵贯机械有限公司业扩，电缆敷设等工地。发现问题：线路（设备）改为冷备用状态条件下许可工作，如图 7-8 和图 7-9 所示。

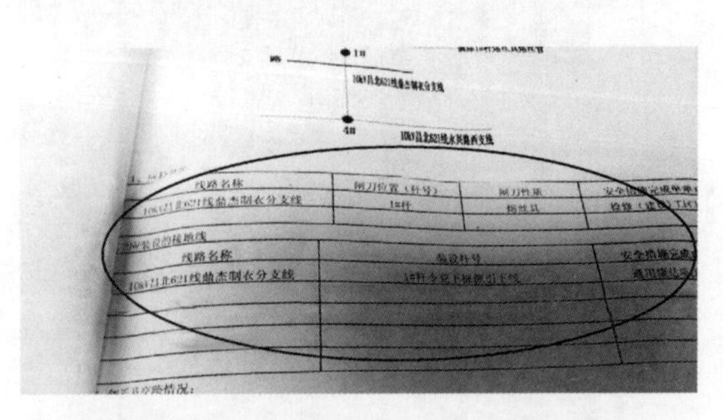

图 7-8 线路（设备）改为冷备用状态

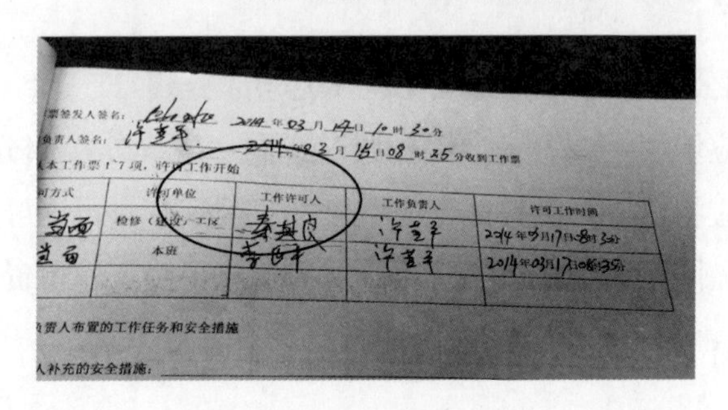

图 7-9 冷备用状态许可工作

【相关规定】

《国家电网公司电力安全工作规程（配电部分）》4.1：在配电线路和设备上工作保证安全的技术措施：4.1.1：停电。4.1.2：验电。4.1.3：接地。4.1.4：悬挂标示牌和装设遮栏（围栏）。

【原因分析】

线路（设备）改为冷备用状态条件下，允许许可工作，这是对线路（设备）四个状态的认识不清，也是工作体制改革后出现的问题，须认真对待。

【防控措施】

线路（设备）改为冷备用状态条件下，是不允许许可工作的。对这类工作，建议运行单位交给施工班组冷备用状态（在配合停电联系单中体现），然后由施工班组将设备由冷备用改为检修状态（由施工班组许可工作，在工作票中体现）。这样可规避运行班组的责任，也理顺了运行班组和施工班组之间许可工作的关系。

案例八 总工作负责人未许可，工作班成员已签字确认

【案例描述】

2014 年 5 月 13 日上午，检查 10kV 周广线工程等工地。发现问题：小组工作票上总工作负责人还没有许可工作，工作班成员却已经签字确认。如图 7-10 所示。

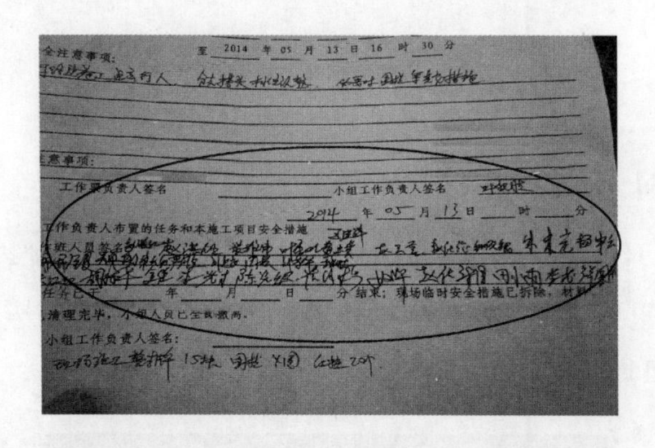
至 2014 年 05 月 13 日 16 时 30 分

全注意事项：

意事项：

工作票负责人签名 ______ 小组工作负责人签名 ______

2014 年 05 月 13 日 ___ 时 ___ 分

工作负责人布置的任务和本施工项目安全措施

班人员签名

任务已于 ___ 年 ___ 月 ___ 日 ___ 分结束：现场临时安全措施已拆除，材料

清理完毕，小组人员已全部撤离。

小组工作负责人签名：

图 7-10 小组工作票上总工作负责人还没有许可工作，工作班成员却已经签字确认

【相关规定】

《国家电网公司电力安全工作规程（配电部分）》3.3.12：工作票所列人员的安全责任。3.3.12.5：工作班成员：①熟悉工作内容、工作流程，掌握安全措施，明确工作中的危险点，并在工作票上履行交底签名确认手续。②服从工作负责人（监护人）、专责监护人的指挥，严格遵守本规程和劳动纪律，在指定的作业范围内工作，对自己在工作中的行为负责，互相关心工作安全。

【原因分析】

小组工作票上总工作负责人还没有许可工作，工作班成员却已经签字确认。这是典型的只顾工作进度而不顾安全的行为，工作负责人（小组负责人）为了抓紧工作时间，不顾安全规定程序，盲目许可工作及开展“二交一查”。

【防控措施】

对于小组工作票上总工作负责人还没有许可工作，工作班成员却已经签字确认这一类问题：①要加强对《国家电网公司电力安全工作规程（配电部分）》的学习，予以正确的理解，摆放好安全和进度的关系，最主要的还是要在现场工作中严格执行各项安全规定；②要加强现场督查和考核，加大现场督查力度，发现问题，严格按相关规定予以考核。

案例九　操作票上重要文字涂改

【案例描述】

2014 年 6 月 4 日上午，检查配合长红商贸有限公司扩容停电等工地。发现问题：①重要文字涂改；②操作人、时间都未填写完毕，已经开始操作了。如图 7-11 和图 7-12 所示。

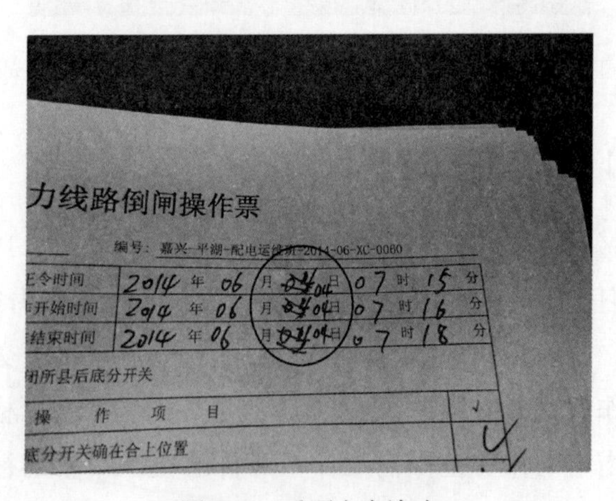

图 7-11　重要文字涂改

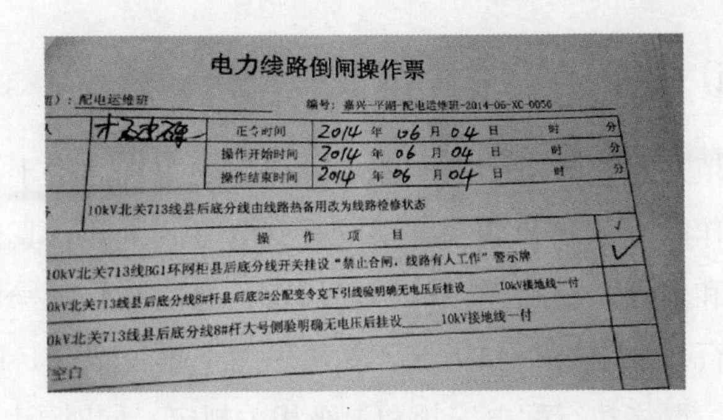

电力线路倒闸操作票

：配电运维班　　编号：嘉兴-平湖-配电运维班-2014-06-XC-0056

		正令时间	2014 年 06 月 04 日 时 分
		操作开始时间	2014 年 06 月 04 日 时 分
		操作结束时间	2014 年 06 月 04 日 时 分

10kV北关713线县后底分线由线路热备用改为线路检修状态

操作项目	√
10kV北关713线BG1环网柜县后底分线开关挂设“禁止合闸，线路有人工作”警示牌	√
0kV北关713线县后底分线8#杆县后底2#公配变令克下引线验明确无电压后挂设____10kV接地线一付	
0kV北关713线县后底分线8#杆大号侧验明确无电压后挂设____10kV接地线一付	
空白	

图 7-12　操作人、时间未填写完毕，已经开始操作了

【相关规定】

《国家电网公司电力安全工作规程（配电部分）》5.2.4.1：倒闸操作应根据值班调控人员或运维人员的指令，受令人复诵无误后执行。发布指令应准确、清晰，使用规范的调度术语和线路名称、设备双重名称。5.2.4.2：发令人和受令人应先互报单位和姓名，发布指令的全过程（包括对方复诵指令）和听取指令的报告时，高压指令应录音并做好记录，低压指令应做好记录。5.2.5.4：操作票应用黑色或蓝色的钢（水）笔或圆珠笔逐项填写。操作票票面上的时间、地点、线路名称、杆号（位置）、设备双重名称、动词等关键字不得涂改。若有个别错、漏字需要修改、补充时，应使用规范的符号，字迹应清楚。5.2.6.2：现场倒闸操作应执行唱票、复诵制度，宜全过程录音。操作人应按操作票填写的顺序逐项操作，每操作完一项，应检查确认后做一个“√”记号，全部操作完毕后进行复查。复查确认后，受令人应立即汇报发令人。

【原因分析】

操作票上重要文字涂改，是填写操作票不认真、不细致所致。操作人、时间未填写完毕，已经开始操作了，这种行为是在执行操作票过程中没能按规定程序执行的违规行为，是思想上没有重视、行为上没有规范所致。

【防控措施】

操作票的填写和执行应引起专业主管部门的重视。由于历史原因，线路工区倒闸操作的规范性和认真度都没有变电工区来的认真规范，应加强这方面的教育和培训，提高思想认识，认真、规范执行好操作票。对操作票的填写和执行要加强检查和指导，要从思想上重视抓起，以现场唱票复诵制度为抓手，严格执行配电安规和上级相关规定，同时予以经济考核。

案例十　工作票收到时间早于工作票签发时间

【案例描述】

2014 年 11 月 12 日上午，检查 10kV 福臻 G609 线新华分线大桥新村支线配变调换 0.4kV 线路改造等工地。发现问题：工作票收到时间早于工作票签发时间，如图 7-13 所示。

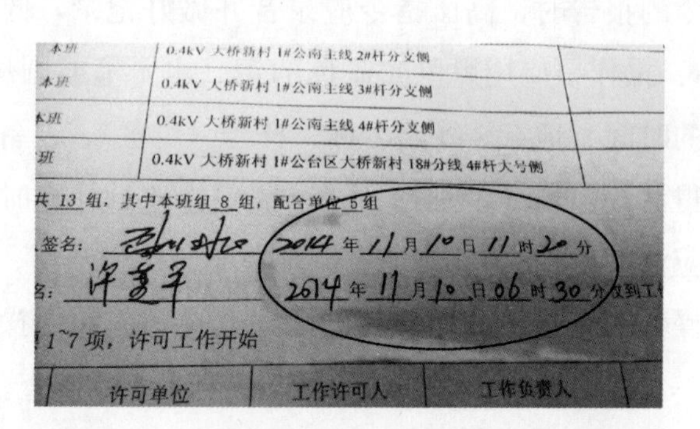

本班	0.4kV 大桥新村 1#公南主线 2#杆分支侧
本班	0.4kV 大桥新村 1#公南主线 3#杆分支侧
本班	0.4kV 大桥新村 1#公南主线 4#杆分支侧
班	0.4kV 大桥新村 1#公台区大桥新村 18#分线 4#杆大号侧

共 13 组，其中本班组 8 组，配合单位 5 组

签名：　2014 年 11 月 10 日 11 时 20 分

名：　2014 年 11 月 10 日 06 时 30 分收到工

1~7 项，许可工作开始

许可单位	工作许可人	工作负责人

图 7-13　工作票收到时间早于工作票签发时间

【相关规定】

《国家电网公司电力安全工作规程（配电部分）》3.3.8.2：工作票、故障紧急抢修单采用手工方式填写时，应用黑色或蓝色的钢（水）笔或圆珠笔填写和签发，至少一式两份。工作票票面上的时间、工作地点、线路名称、设备双重名称（即设备名称和编号）、动词等关键字不得涂改。若有个

别错、漏字需要修改、补充时，应使用规范的符号，字迹应清楚。用计算机生成或打印的工作票应使用统一的票面格式。

【原因分析】

工作票收到时间早于工作票签发时间，说明工作负责人在填写收到工作票时间时马马虎虎，随意填写，应该是填写 11 日的写成了 10 日，造成工作票收到时间早于签发时间的现象。

【防控措施】

对于工作票的填写有误问题主要还应加强责任性的教育，同时判定该工作票为不合格，对工作负责人按照相关规定予以处罚。每月对工作票（施工作业票、操作票）进行合格率排名，奖优罚劣，促使各项目部自行提升工作票合格率。

案例十一 接地线装设线路不正确

【案例描述】

2015 年 4 月 27 日上午，检查 10kV 水泥 G150 线 111 号杆安装无功补偿装置等工程工地。发现问题：停电线路为 10kV 水泥 G150 线，但接地线装设在 10kV 水泥 G150 线和 10kV 范张 G158 线上，如图 7-14 所示。

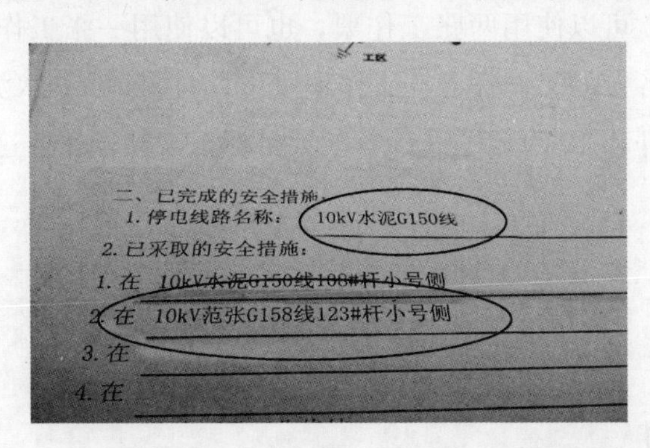
二、已完成的安全措施：
1. 停电线路名称： 10kV水泥G150线
2. 已采取的安全措施：
1. 在 10kV水泥G150线108#杆小号侧
2. 在 10kV范张G158线123#杆小号侧
3. 在
4. 在

图 7-14 停电线路为 10kV 水泥 G150 线，但接地线装设在 10kV 水泥 G150 线和 10kV 范张 G158 线上

》【相关规定】

《国家电网公司电力安全工作规程（配电部分）》3.2.3：现场勘察应查看检修（施工）作业需要停电的范围、保留的带电部位、装设接地线的位置、邻近线路、交叉跨越、多电源、自备电源、地下管线设施和作业现场的条件、环境及其他影响作业的危险点，并提出针对性的安全措施和注意事项。3.2.4：现场勘察后，现场勘察记录应送交工作票签发人、工作负责人及相关各方，作为填写、签发工作票等的依据。3.3.8.1：工作票由工作负责人填写，也可由工作票签发人填写。3.3.8.4：工作票应由工作票签发人审核，手工或电子签发后方可执行。

》【原因分析】

停电线路为10kV水泥G150线，但接地线装设在10kV水泥G150线和10kV范张G158线上，严重违反了《国家电网公司电力安全工作规程（配电部分）》和《配电工作票管理规定》。这和工作票签发人（填写人）对停电线路没能正确理解和认识有关，也和审核不严有关。

》【防控措施】

对手拉手配电线路的工作地段，应以各自线路的杆号（范围）为界，类似这类工作，可以使用两张工作票，也可以使用一张工作票及一张工作任务单，明确各自的工作任务。工作地段可以写明10kV水泥G150线某某号杆至某某号杆和10kV范张G158某某号杆至某某号杆，这样就不会造成误会。

案例十二　线路双重名称填写错误

》【案例描述】

2015年5月25日上午，检查10kV东环G134线、10kV新城G137

线、10kV 文丰 G135 线改造工程等工地。发现问题：线路双重名称填写错误，如图 7-15 所示。

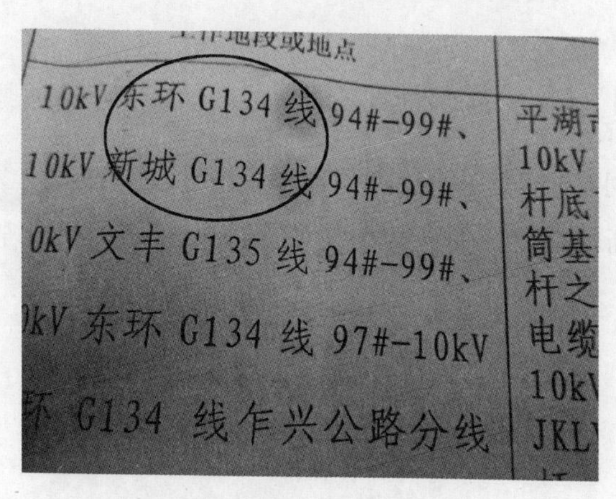

图 7-15 线路双重名称填写错误

【相关规定】

《国家电网公司电力安全工作规程（配电部分）》3.3.8.1：工作票由工作负责人填写，也可由工作票签发人填写。3.3.8.4：工作票应由工作票签发人审核，手工或电子签发后方可执行。

【原因分析】

线路双重名称填写错误，虽是复制粘贴惹的祸，但是工作票填写人和工作票签发人未及时发现，说明对工作票的填写和签发不予重视，填写工作票时没有认真细心地填写，审核又形同虚设。

【防控措施】

工作票填写时必须认真细心，专心致志，填写完成后应该全面检查一遍，如无问题才能递交工作票签发人进行审核。工作票签发人在接到待签发工作票时应认真予以审核，发现问题应指出并退回重新填写。工作票签发人签发工作票后，签发不合格的责任全部由工作票签发人承担，所以工作票签发人审核签发工作票时务必谨慎仔细，认真把关。

案例十三　安全措施不一致

【案例描述】

2015年7月22日上午，检查马厩闸站业扩工作工地。发现问题：现场摘下跌落式熔断器熔管，但工作票上安全措施是挂设标示牌，不一致，如图7-16所示。

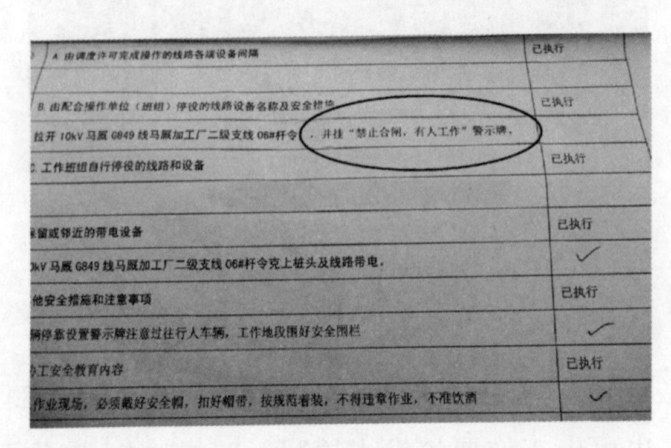

A 由调度许可完成操作的线路各端设备间隔	已执行
B 由配合操作单位（班组）停役的线路设备名称及安全措施	已执行
拉开10kV马厩G849线马厩加工厂二级支线06#杆令 ，并挂“禁止合闸，有人工作”警示牌。	
C 工作班组自行停役的线路和设备	已执行
保留或邻近的带电设备	已执行
0kV马厩G849线马厩加工厂二级支线06#杆令克上桩头及线路带电。	✓
他安全措施和注意事项	已执行
辆停靠设置警示牌注意过往行人车辆，工作地段围好安全围栏	✓
工安全教育内容	已执行
作业现场，必须戴好安全帽，扣好帽带，按规范着装，不得违章作业，不准饮酒	✓

图7-16　现场摘下跌落式熔断器熔管，但工作票上安全措施是挂设标示牌

【相关规定】

《国家电网公司电力安全工作规程（配电部分）》3.4.3：现场办理工作许可手续前，工作许可人应与工作负责人核对线路名称、设备双重名称，检查核对现场安全措施，指明保留的带电部位。3.4.10 工作负责人、工作许可人任何一方不得擅自变更运行接线方式和安全措施，工作中若有特殊情况需要变更时，应先取得对方同意，并及时恢复，变更情况应及时记录在值班日志或工作票上。

【原因分析】

现场安全措施为摘下跌落式熔断器熔管，但工作票上的安全措施却是挂设标示牌。虽然二者做法都符合安规要求，但现场与工作票安全措施不一致的做法会消耗人们的安全意识，从而引发事故隐患甚至事故的发生。

【防控措施】

现场作业（包括操作）均应严格执行工作票（或操作票）上填写的现场安全措施，不得擅自改变。如发现工作票（或操作票）上填写的现场安全措施有问题，应由工作负责人（或监护人）在征得工作票签发人（或发令人）和工作许可人的同意后，在工作票（或操作票）上注明后再行实施。对不按工作票（或操作票）上填写的现场安全措施实施或擅自改变安全措施的，均应予以严肃处理。

案例十四　工作内容语焉不详

【案例描述】

2015 年 8 月 18 日上午，检查移动公、新三公调换 0.4kV 电缆、表箱等工地。发现问题：①工作内容语焉不详；②安装验电接地环工作内容不在工作票范围内，如图 7-17 和图 7-18 所示。

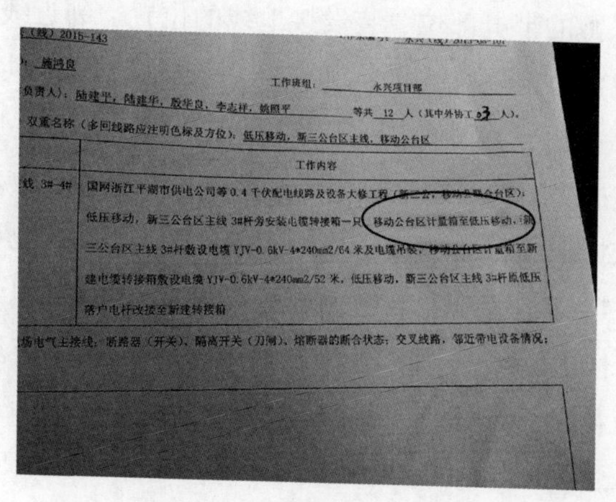
（线）2015-143

施鸿良

工作班组：永兴项目部

负责人）：陆建平，陆建华，殷华良，李志祥，姚照平　等共 12 人（其中外协工 3 人）。

双重名称（多回线路应注明色标及方位）：低压移动，新三公台区主线，移动公台区

工作内容

线 3#-4#　国网浙江平湖市供电公司等 0.4 千伏配电线路及设备大修工程（新三公，移动公……台区）；低压移动，新三公台区主线 3#杆旁安装电缆转接箱一只，移动公台区计量箱至低压移动，新三公台区主线 3#杆敷设电缆 YJV-0.6kV-4*240mm2/64 米及电缆吊装，移动公台区计量箱至新建电缆转接箱敷设电缆 YJV-0.6kV-4*240mm2/52 米，低压移动，新三公台区主线 3#杆低压落户电杆改接至新建转接箱

场电气主接线：断路器（开关）、隔离开关（刀闸）、熔断器的断合状态：交叉线路，邻近带电设备情况：

图 7-17　工作内容语焉不详

【相关规定】

《国家电网公司电力安全工作规程（配电部分）》3.2.1：配电检修（施工）作业和用户工程、设备上的工作，工作票签发人或工作负责人认为有

图 7-18　安装验电接地环工作内容不在工作票范围内

必要现场勘察的，应根据工作任务组织现场勘察，并填写现场勘察记录(见附录 A)。3.2.2：现场勘察应由工作票签发人或工作负责人组织，工作负责人、设备运维管理单位（用户单位）和检修（施工）单位相关人员参加。对涉及多专业、多部门、多单位的作业项目，应由项目主管部门、单位组织相关人员共同参与。3.2.3：现场勘察应查看检修（施工）作业需要停电的范围、保留的带电部位、装设接地线的位置、邻近线路、交叉跨越、多电源、自备电源、地下管线设施和作业现场的条件、环境及其他影响作业的危险点，并提出针对性的安全措施和注意事项。3.2.4：现场勘察后，现场勘察记录应送交工作票签发人、工作负责人及相关各方，作为填写、签发工作票等的依据。3.3.8.1：工作票由工作负责人填写，也可由工作票签发人填写。3.3.8.4：工作票应由工作票签发人审核，手工或电子签发后方可执行。3.3.12：工作票所列人员的安全责任。3.3.12.5　工作班成员：熟悉工作内容、工作流程，掌握安全措施，明确工作中的危险点，并在工作票上履行交底签名确认手续。服从工作负责人（监护人）、专责监护人的指挥，严格遵守本规程和劳动纪律，在指定的作业范围内工作，对自己在工作中的行为负责，互相关心工作安全。正确使用施工机具、安全工器具和劳动防护用品。

【原因分析】

工作内容语焉不详，潜藏着安全隐患。现场了解到当天该任务需要高架车配合，所以就在现场勘察时确定由检修（建设）工区（低压班）在配合停电时配合拆除。而施工方工作票没有把配合作业人员写入工作票内，所以工作内容语焉不详，希望含糊过去。装设验电接地环的工作没有列入工作票内的工作任务，主要是一旦列入工作票的工作任务，安全措施必将发生变化，由于怕麻烦，且停电范围扩大，所以就想悄悄地装设，装设完毕后接地线即可装设在验电接地环上。岂不知这是无票工作，严重的违规行为。

【防控措施】

对需要其他班组人员配合工作的，应在工作票工作班成员栏内增加配合人员的人数，工作内容必须清晰明了，不得遗漏、含糊。对增设验电接地环的工作，应综合考虑：①结合停电机会，及时予以加装；②带电作业予以加装，千万不能盲目冒险无票加装。

案例十五　工作票上计划工作时间填写错误

【案例描述】

2015 年 9 月 2 日上午，检查 10kV 山塘 G265 联络分线 10 号杆至计家圩一级支线 9 号杆调杆调线工作等工地。发现问题：工作票上计划工作时间填写的是申请计划工作时间而不是经批准的计划工作时间，如图 7-19 所示。

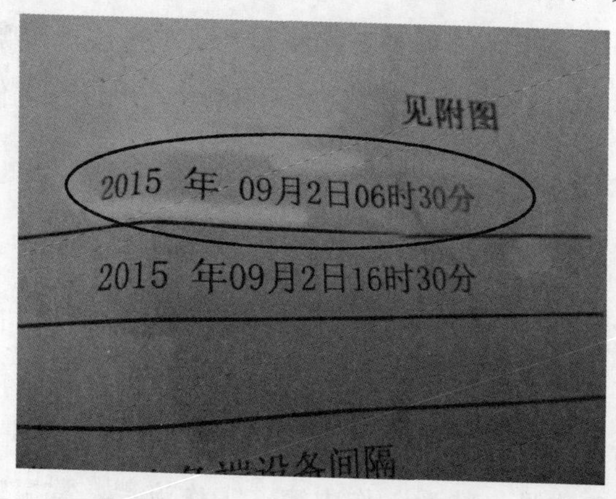

图 7-19　工作票上计划工作时间填写的是申请计划工作时间

【相关规定】

《国家电网公司电力安全工作规程（配电部分）》3.3.10.1：配电工作票的有效期，以批准的检修时间为限。批准的检修时间为调度控制中心或设备运维管理单位批准的开工至完工时间。

【原因分析】

工作票上计划工作时间填写的是申请计划工作时间而不是经批准的计划工作时间，可能是长期以来把申请计划工作时间当成经批准的计划工作时间，这和运行部门审核审批不严也有关系。

【防控措施】

首先，在安全教育学习时予以指出，并进行详尽讲解。此外要把好运行部门的审核审批关，在提升审核审批能力的基础上，严格审批计划工作时间，而不是施工班组要求多久就审批多久。

案例十六　工作班成员签名确认多于总人数

【案例描述】

2015年9月2日上午，检查百德机械10kV进线电缆敷设及安装等工作工地。发现问题：工作班成员栏内共有14人，也没有工作班成员变更手续，但签名确认却有15人，如图7-20所示。

【相关规定】

《国家电网公司电力安全工作规程（配电部分）》3.3.12：工作票所列人员的安全责任。3.3.12.2：工作负责人：工作前，对工作班成员进行工作任务、安全措施交底和危险点告知，并确认每个工作班成员都已签名。3.3.12.5：工作班成员：熟悉工作内容、工作流程，掌握安全措施，明确工作中的危险点，并在工作票上履行交底签名确认手续。

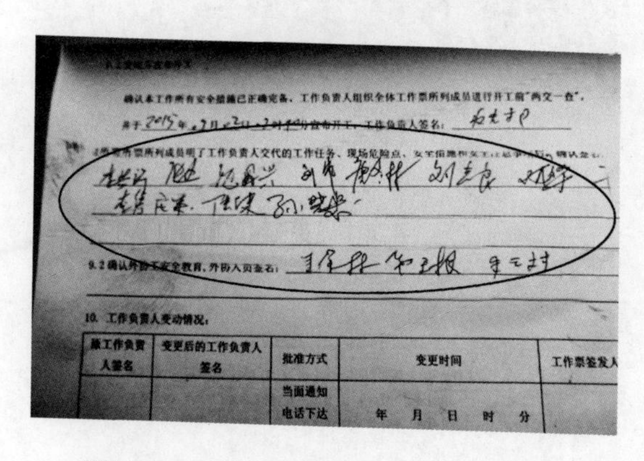

确认本工作所有安全措施已正确完备，工作负责人组织全体工作票所列成员进行开工前“两交一查”，

9.2 确认外协工安全教育，外协人员签名：

10. 工作负责人变动情况：

原工作负责人签名	变更后的工作负责人签名	批准方式	变更时间	工作票签发人
		当面通知 电话下达	年　月　日　时　分	

图 7-20　工作班成员签名确认多于总人数

【原因分析】

工作班成员栏内共有 14 人，但签名确认却有 15 人，说明工作负责人对“二交一查”及确认签名工作流于形式，对本班组工作人员到底有几人心中无数。

【防控措施】

加强教育和培训，养成现场安全交底和确认签名工作的实效性和时效性，加强管理和考核，实事求是地做好安全交底、签名确认工作，堵塞安全上、法律上的漏洞。

案例十七　宣布开工时间早于许可工作时间

【案例描述】

2015 年 10 月 15 日上午，检查棺材浜台区电杆整杆等工地。发现问题：宣布开工时间早于许可工作时间。如图 7-21 所示。

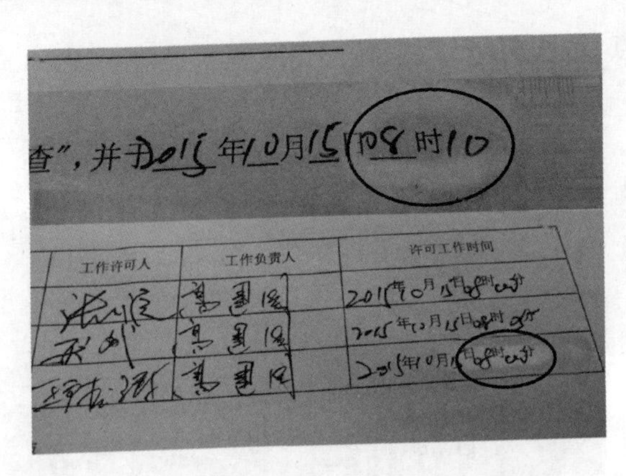

图 7-21 宣布开工时间早于许可工作时间

【相关规定】

《国家电网公司电力安全工作规程（配电部分）》3.4.4：填用配电第一种工作票的工作，应得到全部工作许可人的许可，并由工作负责人确认工作票所列当前工作所需的安全措施全部完成后，方可下令开始工作。所有许可手续（工作许可人姓名、许可方式、许可时间等）均应记录在工作票上。

【原因分析】

宣布开工时间早于许可工作时间，说明工作负责人对工作票上的时间填写相当随意，没有严格按照实际时间如实填写。

【防控措施】

为了严格规范执行配电安规，专业主管部门近期组织开展配电安规及安全性票据填写与执行培训，要求各施工班组认真填写、签发并执行各类安全性票据，发现问题或有疑惑的，及时提出由专业主管部门予以解答。发现有不规范行为的，指出并加以辅导，必要时予以处罚，以提升安全性票据填写、执行的合格率。

案例十八 线路名称不一致

【案例描述】

2015 年 11 月 30 日上午，检查 10kV 旧埭 G152 线立新一级支线配合停电等工地。发现问题：线路名称不一致（一级支线和分线）。如图 7-22 所示。

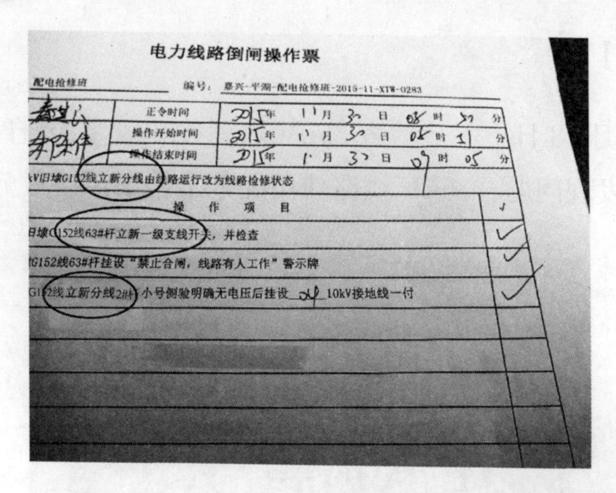

电力线路倒闸操作票

配电抢修班　　编号：嘉兴-平湖-配电抢修班-2015-11-XTW-0283

	正令时间	2015 年 11 月 30 日 08 时 37 分
	操作开始时间	2015 年 11 月 30 日 08 时 41 分
	操作结束时间	2015 年 11 月 30 日 09 时 05 分

kV旧埭G152线立新分线由线路运行改为线路检修状态

操作项目	√
旧埭G152线63#杆立新一级支线开关，并检查	✓
G152线63#杆挂设“禁止合闸，线路有人工作”警示牌	✓
G152线立新分线2#杆小号侧验明确无电压后挂设 04 10kV接地线一付	✓

图 7-22　线路名称不一致（一级支线和分线）

【相关规定】

《国家电网公司电力安全工作规程（配电部分）》5.2.5.3：操作人和监护人应根据模拟图或接线图核对所填写的操作项目，分别手工或电子签名。5.2.5.4：操作票应用黑色或蓝色的钢（水）笔或圆珠笔逐项填写。操作票票面上的时间、地点、线路名称、杆号（位置）、设备双重名称、动词等关键字不得涂改。若有个别错、漏字需要修改、补充时，应使用规范的符号，字迹应清楚。

【原因分析】

经了解系统上已经改为一级支线名称，但编号牌还是原来的分线名称，未及时更改成与系统匹配名称。

【防控措施】

建议检修（建设）工区尽快完善编号牌的调整挂设工作。

案例十九　35kV 线路使用配电工作票

【案例描述】

2016 年 1 月 18 日上午，检查 35kV 六臻 448 线 17 号杆～20 号杆拆除线路等工地。发现问题：35kV 线路使用配电工作票，如图 7-23 所示。

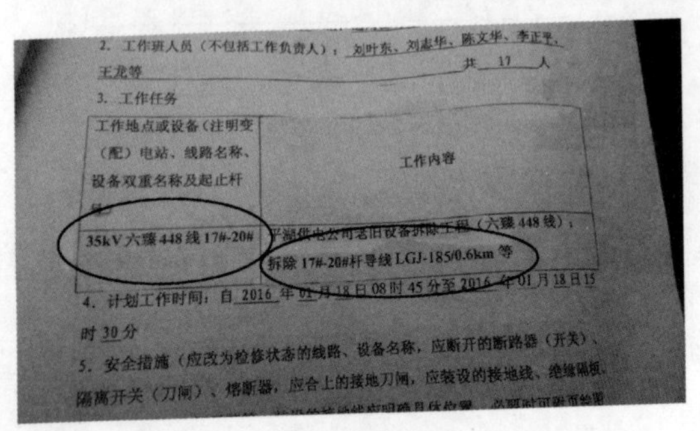

2. 工作班人员（不包括工作负责人）：刘叶东、刘志华、陈文华、李正平、王龙等　共 17 人

3. 工作任务

工作地点或设备（注明变（配）电站、线路名称、设备双重名称及起止杆号）	工作内容
35kV 六臻 448 线 17#-20#	平湖供电公司老旧设备拆除工程（六臻 448 线）；拆除 17#-20#杆导线 LGJ-185/0.6km 等

4. 计划工作时间：自 2016 年 01 月 18 日 08 时 45 分至 2016 年 01 月 18 日 15 时 30 分

5. 安全措施（应改为检修状态的线路、设备名称，应断开的断路器（开关）、隔离开关（刀闸）、熔断器，应合上的接地刀闸，应装设的接地线、绝缘隔板、

图 7-23　35kV 线路使用配电工作票

【相关规定】

《国家电网公司电力安全工作规程（配电部分）》1.6：本规程适用于国家电网公司系统各单位所管理的运用中的配电线路、设备和用户配电设备及相关场所。变电站、发电厂内的配电设备执行 Q/GDW 1799.1—2013《国家电网公司电力安全工作规程（变电部分）》。配电线路系指 20kV 及以下配电网中的架空线路、电缆线路及其附属设备等。配电设备系指 20kV 及以下配电网中的配电站、开闭所（开关站）、箱式变电站、柱上变压器、柱上开关（包括柱上断路器、柱上负荷开关）、环网单元、电缆分支箱、低压配电箱、电表计量箱、充电桩等。

【原因分析】

35kV线路使用配电工作票，说明施工队伍对配电工作票的适用范围理解不透彻，也有可能是一时疏忽。主要还是35kV线路施工较少，应该使用线路工作票的意识已经淡薄，未正确理解配电工作票的使用范围。

【防控措施】

加强对工作票正确使用的教育和检查，工作票签发人、工作负责人和专业主管部门在35kV线路施工前都应注意正确填写、签发并执行电力线路工作票。安全性票据经过专项培训，仍有项目部对安全性票据在填写、执行中存在一系列问题，也未及时咨询和学习，我行我素，导致不规范填写、执行事件较多，应严加检查和考核。

案例二十　工作票签发人未签字

【案例描述】

2016年2月25日下午，检查带电搭接10kV园钟G601线昌北联络线3号杆分路上引线等工地。发现问题：工作票签发人既无手工签字又无电子签字，如图7-24所示。

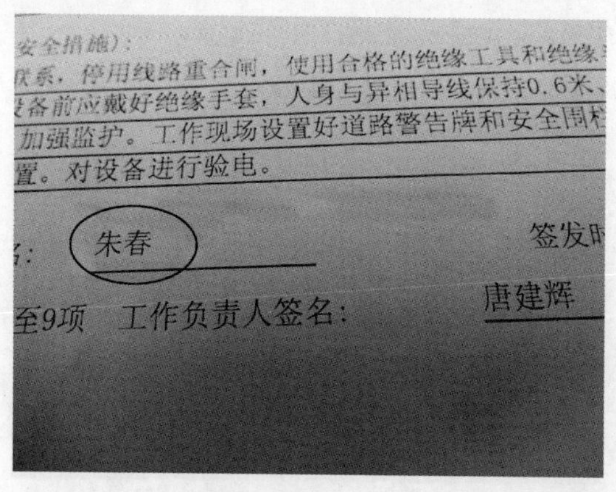
安全措施)：
联系，停用线路重合闸，使用合格的绝缘工具和绝缘
设备前应戴好绝缘手套，人身与异相导线保持0.6米、
加强监护。工作现场设置好道路警告牌和安全围栏
置。对设备进行验电。
名：朱春　签发时
至9项　工作负责人签名：唐建辉

图7-24　工作票签发人既无手工签字又无电子签字

【相关规定】

《国家电网公司电力安全工作规程（配电部分）》3.3.8.4：工作票应由工作票签发人审核，手工或电子签发后方可执行。

【原因分析】

工作票签发人既无手工签字又无电子签字，经了解系统开票必须要把签发人姓名输入系统流程才能继续下去，打印人员误以为已经电子签名了，这样就产生了签发人到底有没有审核签发的问题。

【防控措施】

建议工作票电脑打印后（打印时把工作票签发人的姓名输入）交工作票签发人审核无误，然后手工签名确认。

案例二十一　接地线未装设而装设时间已写好

【案例描述】

2016 年 4 月 25 日上午，检查小桥港台区 0.4kV 线路改造工程工地。发现问题：①接地线尚未装设，装设时间已经写好；②接地线尚未装设，已经许可工作了，如图 7-25 和图 7-26 所示。

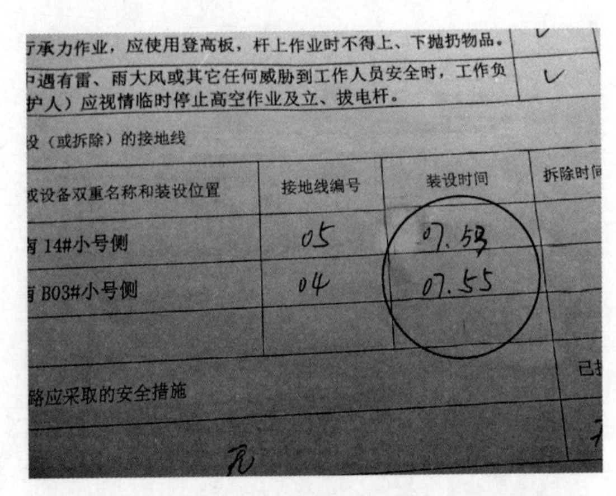

行承力作业，应使用登高板，杆上作业时不得上、下抛扔物品。 ✓
中遇有雷、雨大风或其它任何威胁到工作人员安全时，工作负
护人）应视情临时停止高空作业及立、拔电杆。 ✓

设（或拆除）的接地线

或设备双重名称和装设位置	接地线编号	装设时间	拆除时间
南 14#小号侧	05	07.53	
南 B03#小号侧	04	07.55	

路应采取的安全措施

无

图 7-25　接地线尚未装设，装设时间已经写好

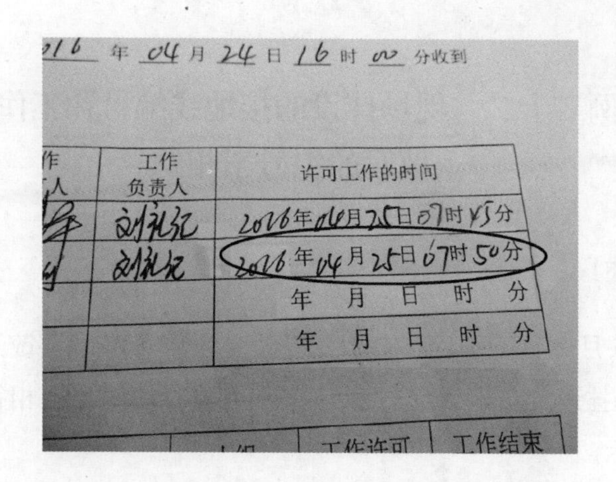

图 7-26 接地线尚未装设，已经许可工作了

【相关规定】

《国家电网公司电力安全工作规程（配电部分）》3.4.1：各工作许可人应在完成工作票所列由其负责的停电和装设接地线等安全措施后，方可发出许可工作的命令。3.4.9：许可开始工作的命令，应通知工作负责人。其方法可采用：当面许可。工作许可人和工作负责人应在工作票上记录许可时间，并分别签名。

【原因分析】

接地线尚未装设，装设时间已经写好甚至已经许可工作了，这是违反《国家电网公司电力安全工作规程（配电部分）》的极其严重的行为，说明有些工作负责人安全意识极其淡漠、重进度轻安全的现象还时有发生。工作现场一味追求快干蛮干，缺乏安全管控是这类现象的主要原因。

【防控措施】

工作票的现场执行还有待加强。项目经理要经常检查工作票的现场执行情况，发现问题及时指出并予以纠正。专业管理部门可收集一些现场执行中的共性问题，予以研究分析，提出有针对性的措施，加以解决。

案例二十二　现场挂设的接地线编号和工作票上填写的编号不相符

【案例描述】

2016 年 6 月 2 日下午，检查小泥桥公变区 0.4kV 线路改造等工地。发现问题：现场挂设的接地线编号和工作票上填写的编号不相符，如图 7-27 和图 7-28 所示。

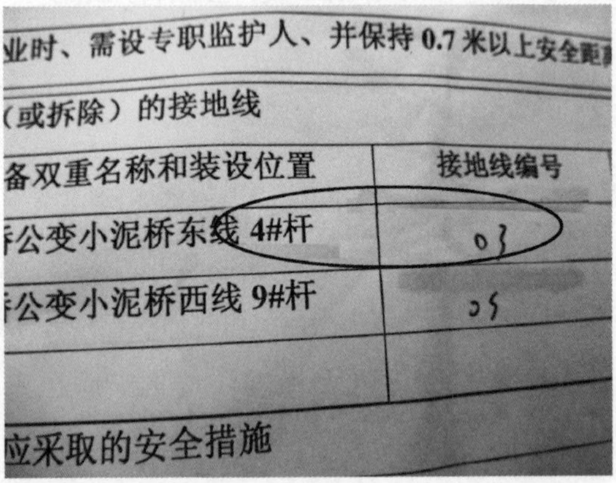
业时、需设专职监护人、并保持 0.7 米以上安全距
(或拆除）的接地线
备双重名称和装设位置
接地线编号
乔公变小泥桥东线 4#杆
03
乔公变小泥桥西线 9#杆
05
应采取的安全措施

图 7-27　工作票上写的是 03 号

检测合格证
路接地线
2015-4-7 至
赵玉林

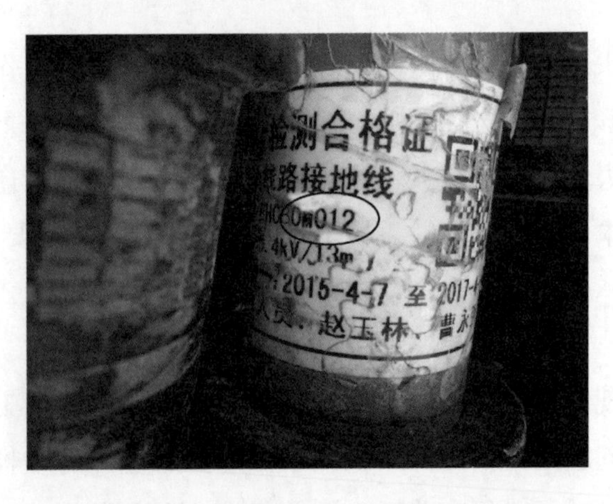

图 7-28　接地线上的编号是 12 号

【相关规定】

《国家电网公司电力安全工作规程（配电部分）》3.4.3：现场办理工作许可手续前，工作许可人应与工作负责人核对线路名称、设备双重名称，检查核对现场安全措施，指明保留带电部位。3.4.4：填用配电第一种工作票的工作，应得到全部工作许可人的许可，并由工作负责人确认工作票所列当前工作所需的安全措施全部完成后，方可下令开始工作。所有许可手续（工作许可人姓名、许可方式、许可时间等）均应记录在工作票上。14.1.6：机具和安全工器具应统一编号，专人保管。入库、出库、使用前应检查。

【原因分析】

现场挂设的接地线编号和工作票上填写的编号不相符，说明现场安全管理工作还很薄弱，是工作负责人对接地线编号的正确、客观填写认识不足，不够重视造成。

【防控措施】

现场挂设的接地线编号和工作票上填写的编号必须相符，现场工作许可人必须核对所挂设的接地线编号，正确完整地汇报给工作负责人，工作负责人必须认真填写，并核对无误。

案例二十三　工作线路或设备名称栏填写不正确

【案例描述】

2016 年 6 月 6 日上午，检查配合镇中公变配变改造工程停电工地。发现问题：①工作线路或设备名称栏填写不正确；②工作地点（范围）填写不明确。如图 7-29 和图 7-30 所示。

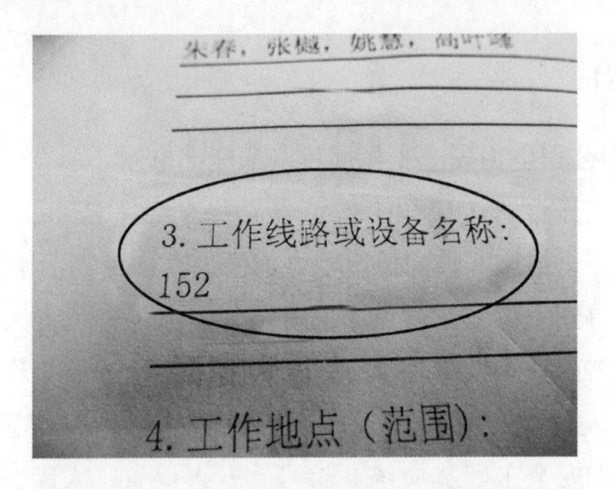

图 7-29 工作线路或设备名称栏填写不正确

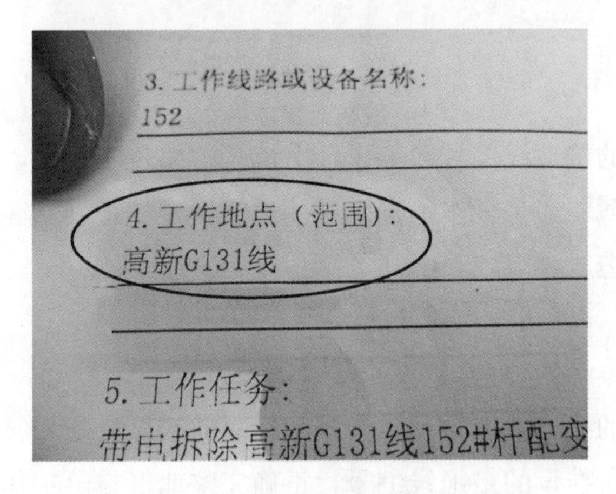

图 7-30 工作地点（范围）填写不明确

【相关规定】

《国家电网公司电力安全工作规程（配电部分）》3.2.1：配电检修（施工）作业和用户工程、设备上的工作，工作票签发人或工作负责人认为有必要现场勘察的，应根据工作任务组织现场勘察，并填写现场勘察记录（见附录A）。3.2.3：现场勘察应查看检修（施工）作业需要停电的范围、保留的带电部位、装设接地线的位置、邻近线路、交叉跨越、多电源、自备电源、地下管线设施和作业现场的条件、环境及其他影响作业的危险点，并提出针对性的安全措施和注意事项。3.2.4：现场勘察后，现场勘察记录应送交工作票签发人、工作负责人及相关各方，作为填写、签发工作票等的依据。3.3.8.1：工作票由工作负责人填写，也可由工作票签发人填写。3.3.8.4：工作票应由工作票签发人审核，手工或电子签发后方可执行。

【原因分析】

工作线路或设备名称栏填写不正确，仅仅填写了“152”。工作地段（范围）填写不明确，仅仅填写了“高新 G131 线”，既没有电压等级，也没有具体位置（杆号）。工作线路栏的“152”其实是杆号，应该是“10kV 高新 G131 线 152 号杆”，这是比较严重的失误。有些问题虽然可能是系统问题，但至少可以补充填写完整，但这两个问题完全是粗心大意所致。工作票签发人和工作负责人均未发现而是直接使用，这是很严重的。

【防控措施】

带电作业班组的安全性票据问题较多，有些可能是系统原因，可以向上级专业主管部门积极反映；有些是自己粗心大意，审核不严，应加强思想教育和安全教育，特别要对工作票签发人、工作负责人进行教育。建议检修（建设）工区专门安排一次带电作业班安全性票据填写、签发和执行问题专题安全活动，专业主管部门派人参加。带电作业班把平时系统中出现的问题收集归纳，并提出自己的修改意见建议，提交专业主管部门向上反映。对本班组出现的问题，应深刻分析问题原因，主动提出整改意见，在工作中及时进行整改。

案例二十四　预先填写操作票上操作开始时间和结束时间

【案例描述】

2016 年 9 月 18 日下午，检查 10kV 乍王 G574 线宏建管桩一级支线由线路运行改为线路热备用状态等工地。发现问题：操作票上操作开始时间和操作结束时间都预先填写，如图 7-31 所示。

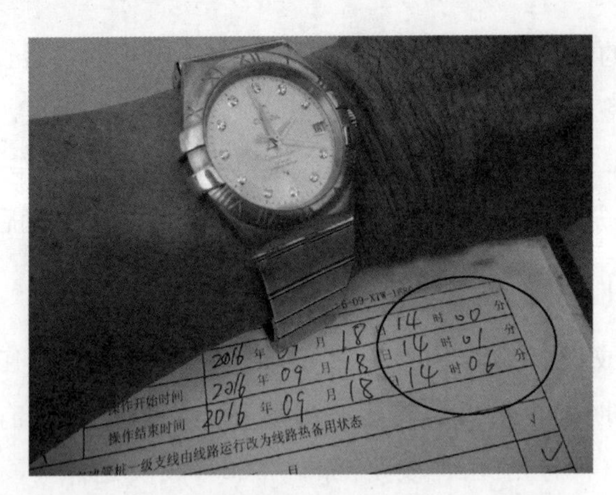

图 7-31 操作票上操作开始时间和操作结束时间都预先填写

【相关规定】

《国家电网公司电力安全工作规程（配电部分）》5.2.4.2：发令人和受令人应先互报单位和姓名，发布指令的全过程（包括对方复诵指令）和听取指令的报告时，高压指令应录音并做好记录，低压指令应做好记录。5.2.5.4：操作票应用黑色或蓝色的钢（水）笔或圆珠笔逐项填写。操作票票面上的时间、地点、线路名称、杆号（位置）、设备双重名称、动词等关键字不得涂改。若有个别错、漏字需要修改、补充时，应使用规范的符号，字迹应清楚。5.2.6.2：现场倒闸操作应执行唱票、复诵制度，宜全过程录音。操作人应按操作票填写的顺序逐项操作，每操作完一项，应检查确认后做一个“√”记号，全部操作完毕后进行复查。复查确认后，受令人应立即汇报发令人。

【原因分析】

操作票上操作开始时间和操作结束时间都预先填写，说明对操作票的执行极不认真严肃，这主要是思想上的问题，也是员工安全意识低下的体现。

【防控措施】

建议抓住这个事例，开展一次专项安全活动，端正员工的安全思想，提高员工的安全意识，举一反三，开展安全思想大讨论，安全问题大辩论。建议领导和专业主管部门经常参加基层各类安全活动，了解并指导基层安全活动。开展工作票的填写与执行专题培训班，提高“三种人”的技能水平。对工作票填写或执行不合格的行为，予以曝光并考核。加强监管，杜绝类似情况的再次发生。

案例二十五　专责监护范围不全面

【案例描述】

2016 年 11 月 21 日上午，检查千钰精密五金有限公司业扩，立杆架线及区 10kV 临时线路拆除等工地。发现问题：专责监护范围不全面。如图 7-32 和图 7-33 所示。

图 7-32　带电杆塔位置示意图

【相关规定】

《国家电网公司电力安全工作规程（配电部分）》3.5.4：工作票签发人、工作负责人对有触电危险、检修（施工）复杂容易发生事故的工作，应增设专责监护人，并确定其监护的人员和工作范围。专责监护人不得兼做其他工作。

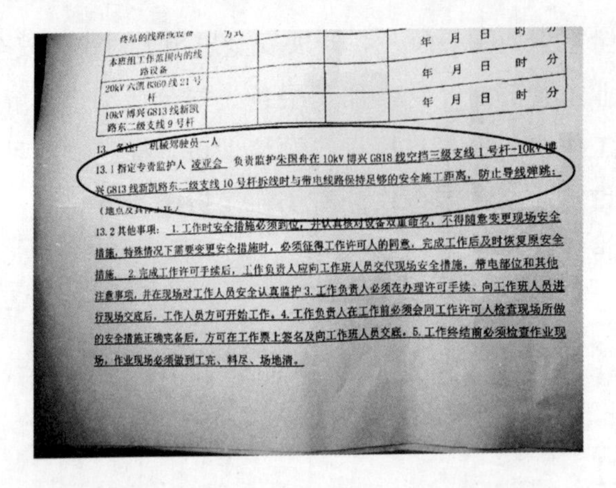

终结的线路或设备	方式			年 月 日 时 分
本班组工作范围内的线路设备				年 月 日 时 分
20kV 六凯 B360 线 21 号杆				年 月 日 时 分
10kV 博兴 G813 线新凯路东二级支线 9 号杆				

13. 备注：机械驾驶员一人

13.1 指定专责监护人 凌亚会 负责监护朱国舟在 10kV 博兴 G818 线空挡三级支线 1 号杆–10kV 博兴 G813 线新凯路东二级支线 10 号杆拆线时与带电线路保持足够的安全施工距离，防止导线弹跳；

（地点及具体工作）

13.2 其他事项：1. 工作时安全措施必须到位，并认真核对设备双重命名，不得随意变更现场安全措施，特殊情况下需要变更安全措施时，必须征得工作许可人的同意，完成工作后及时恢复原安全措施。2. 完成工作许可手续后，工作负责人应向工作班人员交代现场安全措施，带电部位和其他注意事项，并在现场对工作人员安全认真监护 3. 工作负责人必须在办理许可手续、向工作班人员进行现场交底后，工作人员方可开始工作。4. 工作负责人在工作前必须会同工作许可人检查现场所做的安全措施正确完备后，方可在工作票上签名及向工作班人员交底。5. 工作终结前必须检查作业现场，作业现场必须做到工完、料尽、场地清。

图 7-33 带电杆塔上作业没有设置专责监护人

【原因分析】

专责监护范围不全面，是工作票签发人没能正确全面地了解该杆上作业内容、范围及危险点，现场勘察没有认真仔细地全面勘察危险点，并结合工作任务提出相应的安全措施，导致工作票上没能详细注明，现场安全措施出现严重纰漏。现场作业人员没能发现这个危险点，工作负责人也没有发现并采取措施加以制止或完善现场安全措施，这说明有些现场安全措施完全是走走过场应付检查的。专责监护人在杆下帮助系横担等，说明施工现场人员配置不合理，且专责监护人对自己的责任不明，职责不清。

【防控措施】

现场勘察一定要认真仔细，全面周到。要加强对勘察人员的责任考核，倒逼他们增强责任心。工作签发人应正确、全面了解作业内容、范围及危险点，确保工作票上所列安全措施正确完备。工作负责人在现场如发现这类问题，应增设专责监护人，以确保施工的绝对安全。专责监护人顾名思义就是专门负责监护的人，所以绝对不要在监护时做其他工作。如工作负责人要专责监护人兼做其他工作的，可以善意地提示一下，让工作负责人请其他人员来做。专责监护人自己也要有定力，不要自行去做其他工作。

案例二十六　操作项目和操作任务不相符

【案例描述】

2016 年 12 月 2 日下午，检查配合 10kV 沈窑 G121 线周圩社区一级支线等安装三遥开关工程停电等工地。发现问题：操作项目和操作任务不相符，如图 7-34 和图 7-35 所示。

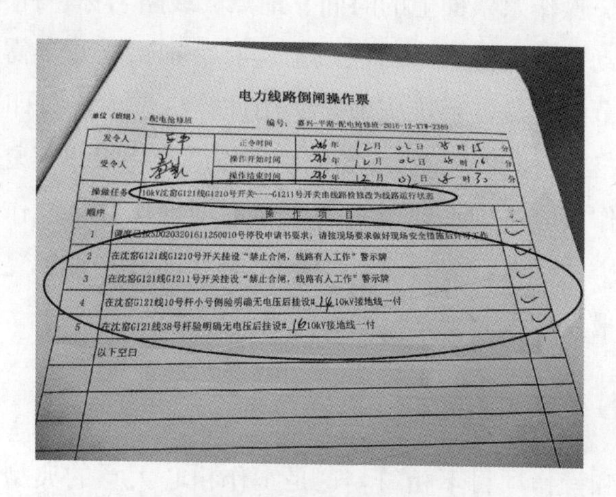

电力线路倒闸操作票

单位（班组）：配电抢修班　　编号：嘉兴-平湖-配电抢修班-2016-12-XTW-2369

发令人	[illegible]	正令时间	[illegible] 年 [illegible] 月 [illegible] 日 [illegible] 时 [illegible] 分
受令人	[illegible]	操作开始时间	[illegible] 年 [illegible] 月 [illegible] 日 [illegible] 时 [illegible] 分
		操作结束时间	[illegible] 年 [illegible] 月 [illegible] 日 [illegible] 时 [illegible] 分
操做任务	10kV沈窑G121线G1210号开关——G1211号开关由线路检修改为线路运行状态		

顺序	操作项目	√
1	调度已按SD0203201611250010号停役申请书要求，请按现场要求做好现场安全措施后许可工作	√
2	在沈窑G121线G1210号开关挂设“禁止合闸，线路有人工作”警示牌	√
3	在沈窑G121线G1211号开关挂设“禁止合闸，线路有人工作”警示牌	√
4	在沈窑G121线10号杆小号侧验明确无电压后挂设#14 10kV接地线一付	√
5	在沈窑G121线38号杆验明确无电压后挂设#16 10kV接地线一付	√
	以下空白	

图 7-34　操作项目和操作任务不相符（一）

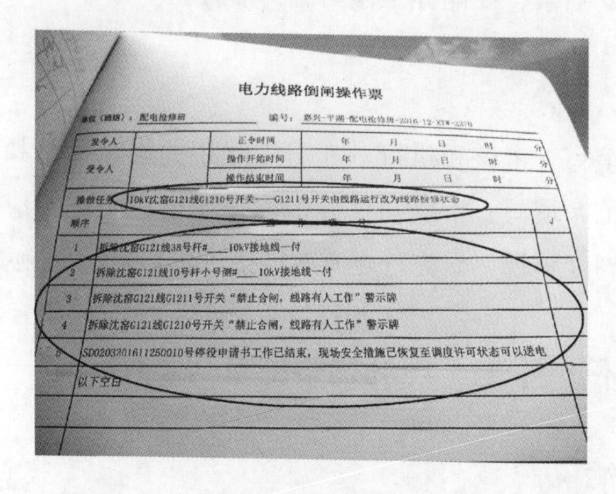

电力线路倒闸操作票

单位（班组）：配电抢修班　　编号：嘉兴-平湖-配电抢修班-2016-12-XTW-2379

发令人		正令时间	年　月　日　时　分
受令人		操作开始时间	年　月　日　时　分
		操作结束时间	年　月　日　时　分
操做任务	10kV沈窑G121线G1210号开关——G1211号开关由线路运行改为线路检修状态		

顺序	操作项目	√
1	拆除沈窑G121线38号杆#___10kV接地线一付	
2	拆除沈窑G121线10号杆小号侧#___10kV接地线一付	
3	拆除沈窑G121线G1211号开关“禁止合闸，线路有人工作”警示牌	
4	拆除沈窑G121线G1210号开关“禁止合闸，线路有人工作”警示牌	
5	SD0203201611250010号停役申请书工作已结束，现场安全措施已恢复至调度许可状态可以送电	
	以下空白	

图 7-35　操作项目和操作任务不相符（二）

【相关规定】

《国家电网公司电力安全工作规程（配电部分）》5.2.4.1：倒闸操作应根据值班调控人员或运维人员的指令，受令人复诵无误后执行。发布指令应准确、清晰，使用规范的调度术语和线路名称、设备双重名称。5.2.5.3：操作人和监护人应根据模拟图或接线图核对所填写的操作项目，分别手工或电子签名。5.2.5.4：操作票应用黑色或蓝色的钢（水）笔或圆珠笔逐项填写。操作票票面上的时间、地点、线路名称、杆号（位置）、设备双重名称、动词等关键字不得涂改。若有个别错、漏字需要修改、补充时，应使用规范的符号，字迹应清楚。用计算机生成或打印的操作票应使用统一的票面格式。5.2.6.2：现场倒闸操作应执行唱票、复诵制度，宜全过程录音。操作人应按操作票填写的顺序逐项操作，每操作完一项，应检查确认后做一个“√”记号，全部操作完毕后进行复查。复查确认后，受令人应立即汇报发令人。

【原因分析】

操作任务和操作项目不相符，这是工作粗心大意的典型表现，说明操作现场的监护、唱票、复诵等工作均流为形式。

【防控措施】

操作票的填写、审核和执行，都需按照相关规定严格执行，但现在可能由于工作太忙，填写、审核和执行中都存在很大问题，应引起领导和专业主管部门的高度重视，研究行之有效的措施加以严格实施。

案例二十七　现场勘察记录与工作票不一致

【案例描述】

2016年12月6日下午，检查10kV昌盛G717线新北西侧一级支线11

号杆～34 号杆导线拆除等工程工地。发现问题：现场勘察记录上要求设置警示牌，但工作票上没有要求，如图 7-36 和图 7-37 所示。

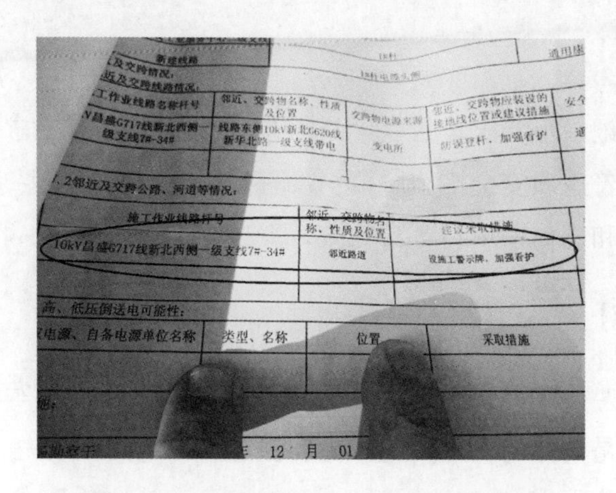

…及交跨情况：
…近及交跨线路情况：

…工作业线路名称杆号	邻近、交跨物名称、性质及位置	交跨物电源来源	邻近、交跨物应装设的接地线位置或建议措施	安全…
…V昌盛G717线新北西侧一级支线7#-34#	线路东侧10kV新北G620线新华北路一级支线带电	变电所	防误登杆，加强看护	…

…2邻近及交跨公路、河道等情况：

施工作业线路杆号	邻近、交跨物名称、性质及位置	建议采取措施
10kV昌盛G717线新北西侧一级支线7#-34#	邻近路道	设施工警示牌，加强看护

…高、低压倒送电可能性：

…电源、自备电源单位名称	类型、名称	位置	采取措施

…年 12 月 01…

图 7-36　现场勘察记录上要求设置警示牌

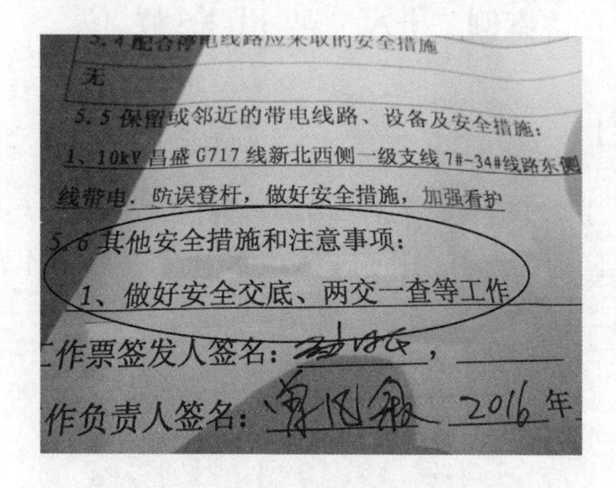

5.4 配合停电线路应采取的安全措施

无

5.5 保留或邻近的带电线路、设备及安全措施：

1、10kV 昌盛 G717 线新北西侧一级支线 7#-34#线路东侧线带电，防误登杆，做好安全措施，加强看护

5.6 其他安全措施和注意事项：

1、做好安全交底、两交一查等工作

工作票签发人签名：

工作负责人签名：　　2016 年

图 7-37　工作票上没有要求设置警示牌

【相关规定】

《国家电网公司电力安全工作规程（配电部分）》3.2.3：现场勘察应查看检修（施工）作业需要停电的范围、保留的带电部位、装设接地线的位置、邻近线路、交叉跨越、多电源、自备电源、地下管线设施和作业现场的条件、环境及其他影响作业的危险点，并提出针对性的安全措施和注意

事项。3.2.4：现场勘察后，现场勘察记录应送交工作票签发人、工作负责人及相关各方，作为填写、签发工作票等的依据。

【原因分析】

现场勘察记录上要求设置警示牌，但工作票上没有要求。工作票上没有要求就意味着这项安全措施脱节，没有按照现场勘察的要求去组织实施，说明现场勘察和工作票填写各自为政。

【防控措施】

填写工作票一定要根据现场勘察记录上的条款逐一填写，千万不能漏项少填。特别是具体的安全措施，更要注意不得遗漏或缺失。

案例二十八 误 用 抢 修 单

【案例描述】

2017 年 1 月 22 日上午，检查 10kV 铸钢 G106 线 2 号环网柜拆除工作等工地。发现问题：该项工作应该使用配电第一种工作票，如图 7-38 所示。

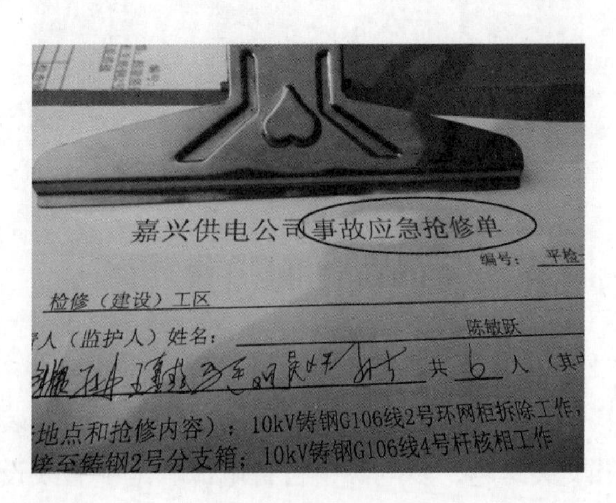

图 7-38 误用抢修单

【相关规定】

《国家电网公司电力安全工作规程（配电部分）》3.3.6：填用配电故障紧急抢修单的工作：配电线路、设备故障紧急处理应填用工作票或配电故障紧急抢修单。配电线路、设备故障紧急处理，系指配电线路、设备发生故障被迫紧急停止运行，需短时间恢复供电或排除故障的、连续进行的故障修复工作。非连续进行的故障修复工作，应使用工作票。

【原因分析】

错误使用配电故障紧急抢修单，可能原因：①不清楚配电故障紧急抢修单的适用范围和条件；②配电故障紧急抢修单填写简单，使用执行方便，现场作业人员更倾向于使用配电故障紧急抢修单。配电故障紧急抢修单上写的工作班成员共 6 人，实际现场施工人员超过 6 人。这主要是配电故障紧急抢修单签发人仅把本班组人员统计在内，而没有把配合工作的外协施工作业人员统计在内，造成现场实际施工作业人员严重超过配电故障紧急抢修单上所填写的人员总数。

【防控措施】

配电故障紧急抢修单应适用连续进行的故障修复工作，本案列中该项工作应该使用配电第一种工作票。工作班成员栏应填写包括本班组人员、外协工作人员（如项目部人员）和辅助工作人员（如汽吊司机、民工等）。如有变动，则应在工作人员变动栏或备注栏内及时注明，以随时做到现场作业人员和票据上的人员数量吻合。

案例二十九　现场勘察记录不完善

【案例描述】

2017 年 4 月 7 日上午，检查兴塔公路（二期）供电线路迁移工程工地，施工班组为第九项目部。发现问题：施工所涉及线路有两处自发电，但现场勘察记录上没有填写，如图 7-39 所示。

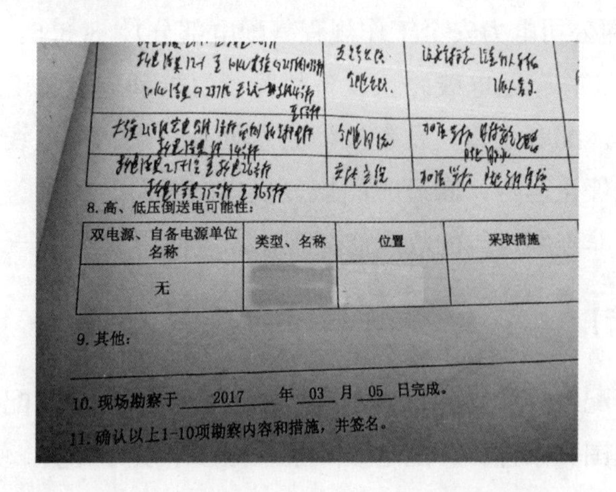

[illegible]

8. 高、低压倒送电可能性：

双电源、自备电源单位名称	类型、名称	位置	采取措施
无			

9. 其他：

10. 现场勘察于 2017 年 03 月 05 日完成。

11. 确认以上1-10项勘察内容和措施，并签名。

图 7-39　施工所涉及线路有两处自发电，但现场勘察记录上没有填写

【相关规定】

《国家电网公司电力安全工作规程（配电部分）》3.2.3：现场勘察应查看检修（施工）作业需要停电的范围、保留的带电部位、装设接地线的位置、邻近线路、交叉跨越、多电源、自备电源、地下管线设施和作业现场的条件、环境及其他影响作业的危险点，并提出针对性的安全措施和注意事项。3.2.4：现场勘察后，现场勘察记录应送交工作票签发人、工作负责人及相关各方，作为填写、签发工作票等的依据。

【原因分析】

施工所涉及线路有两处自发电，但现场勘察记录上没有填写，原因可能是：①现场勘察没有发现；②现场勘察发现了但认为没有关系不必填写；③现场勘察认为填写以后其相应的安全措施比较麻烦，所以没有填写。

【防控措施】

现场勘察必须认真细心，尤其现在自发电和分布式电源较多，要特别

关注，认真勘察。发现有自发电或分布式电源的，必须全部填写在现场勘察记录上，并填写切实有效、相对应的安全措施。

案例三十 许可栏内空白

【案例描述】

2017 年 5 月 25 日上午，检查新埭镇长掌洋社区配变改造工程工地。发现问题：许可栏内空白，如图 7-40 所示。

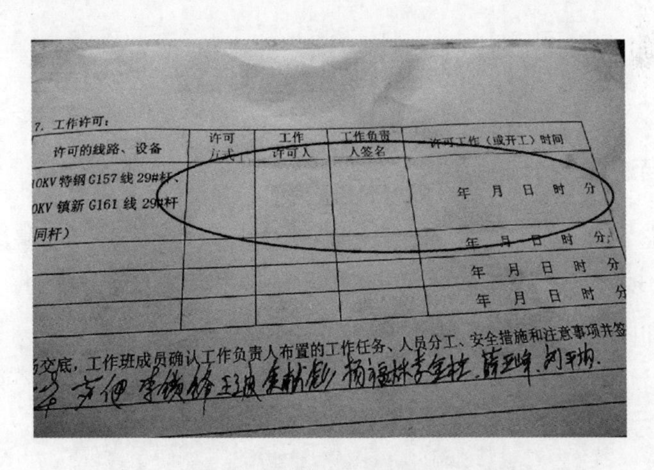
7. 工作许可：

许可的线路、设备	许可方式	工作许可人	工作负责人签名	许可工作（或开工）时间
10KV 特钢 G157 线 29#杆、10KV 镇新 G161 线 29#杆（同杆）				年 月 日 时 分
				年 月 日 时 分
				年 月 日 时 分
				年 月 日 时 分

交底，工作班成员确认工作负责人布置的工作任务、人员分工、安全措施和注意事项并签

图 7-40 许可栏内空白

【相关规定】

《国家电网公司电力安全工作规程（配电部分）》3.4.4：填用配电第一种工作票的工作，应得到全部工作许可人的许可，并由工作负责人确认工作票所列当前工作所需的安全措施全部完成后，方可下令开始工作。所有许可手续（工作许可人姓名、许可方式、许可时间等）均应记录在工作票上。

【原因分析】

工作许可栏内一片空白，主要是工作负责人和工作许可人对工作票的执行极不认真，对履行职责得过且过，贪图省力，不按要求在工作票上填写许可时间及签名确认。

【防控措施】

这种工作态度相当危险，尤其是发生在“三种人”身上。建议抓住这一违规事例，举一反三，从安全思想上、工作态度上、生产技能上着手，综合利用教育、培训、考核等手段，提高员工队伍的安全素质，夯实安全基础。应加强对现场工作许可的管理，建议制订现场工作许可管理办法，予以宣贯并实施，以做到有章可循。

案例三十一　工作票字迹不清无法辨认等

【案例描述】

2017 年 7 月 17 日上午，检查徐家埭中心社区 0.4kV 配套线路大修工程工地。发现问题：①字迹不清无法辨认；②时间为 65 分钟，明显错误。如图 7-41 和图 7-42 所示。

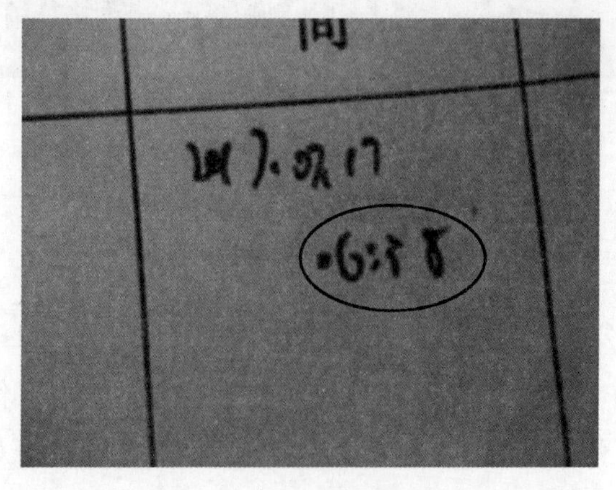

图 7-41　字迹不清无法辨认

【相关规定】

《国家电网公司电力安全工作规程（配电部分）》3.3.8.2：工作票、故

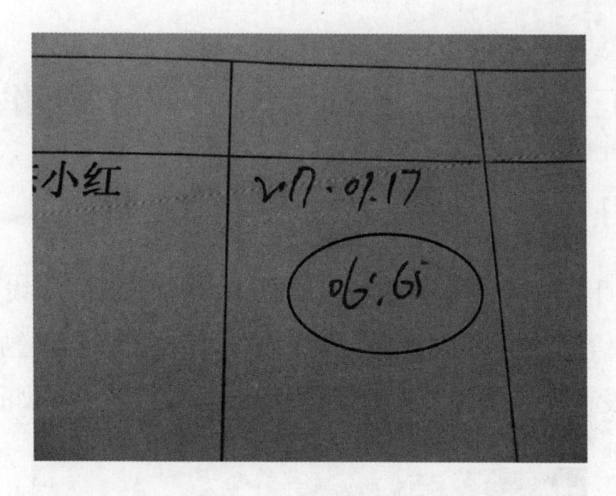

图 7-42　时间填写错误

障紧急抢修单采用手工方式填写时，应用黑色或蓝色的钢（水）笔或圆珠笔填写和签发，至少一式两份。工作票票面上的时间、工作地点、线路名称、设备双重名称（即设备名称和编号）、动词等关键字不得涂改。若有个别错、漏字需要修改、补充时，应使用规范的符号，字迹应清楚。用计算机生成或打印的工作票应使用统一的票面格式。

【原因分析】

时间填写 06：65、字迹不清无法辨认等，都是工作票填写不认真所致，也可能是技能上有所欠缺。主要原因还是思想上不重视、态度上不端正、执行中不认真。

【防控措施】

对于工作票的填写和执行要培训和考核二手抓，因此可以：①适时进行工作票填写与执行的培训；②加强考核和处罚，可否设置一个考核机制，如工作票签发人签发工作票不合格几次取消工作票签发人资格；工作负责人执行工作票不合格几次取消工作负责人资格。以此提高“三种人”的警觉，倒逼他们提升填写与执行工作票的合格率。

案例三十二　带电作业工作票不宜增加工作任务

【案例描述】

2017 年 9 月 25 日上午，检查带电拆除 10kV 北关 G713 线、松枫 G732 线 4 号杆耐张搭头等工地。发现问题：①带电作业工作票不宜增加工作任务，且没有工作票签发人和工作许可人的同意；②重要文字涂改，如图 7-43 所示。

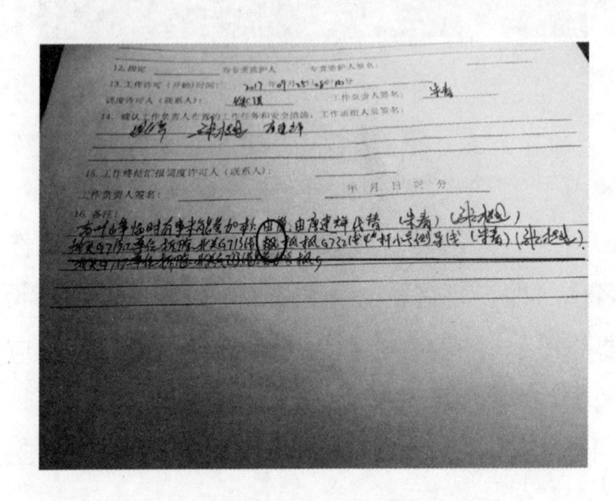
13. 工作许可（开始）时间：
调度许可人（联系人）：　　工作负责人签名：
14. 确认工作负责人布置的工作任务和安全措施，工作班组人员签名：
15. 工作终结汇报调度许可人（联系人）：
工作负责人签名：　　年　月　日　时　分
16. 备注：

图 7-43　带电作业工作票重要文字涂改

【相关规定】

《国家电网公司电力安全工作规程（配电部分）》3.3.9.12：在原工作票的停电及安全措施范围内增加工作任务时，应由工作负责人征得工作票签发人和工作许可人同意，并在工作票上增填工作项目。若需变更或增设安全措施，应填用新的工作票，并重新履行签发、许可手续。3.3.8.2：工作票、故障紧急抢修单采用手工方式填写时，应用黑色或蓝色的钢（水）笔或圆珠笔填写和签发，至少一式两份。工作票票面上的时间、工作地点、线路名称、设备双重名称（即设备名称和编号）、动词等关键字不得涂改。若有个别错、漏字需要修改、补充时，应使用规范的符号，字迹应清楚。

【原因分析】

带电作业是比较危险的特殊作业，不宜随便增加工作任务。没有经过工作票签发人和工作许可人的同意擅自增加工作任务，更是错上加错。这次临时增加的工作任务，原计划是其他施工班组的工作任务，现场发现安全上有问题，故临时让带电班组顺带做掉。这也反映出现场勘察质量不高，安全施工范围、意识比较欠缺。重要文字涂改，是工作负责人对工作票的正确填写、执行不够重视，随意填写、随意涂改已成习惯。

【防控措施】

《国家电网公司电力安全工作规程》3.3.9.12 条款规定："在原工作票的停电及安全措施范围内增加工作任务时，应由工作负责人征得工作票签发人和工作许可人同意，并在工作票上增填工作项目。若需变更或增设安全措施，应填用新的工作票，并重新履行签发、许可手续。"这里显然指的是停电作业，不针对带电作业，因为带电作业是比较危险的特殊作业，安全措施比较独特和专一，原先工作票上的安全措施很难涵盖临时增加的工作任务，故带电作业工作票确实需要临时增加工作任务，建议填用新的工作票，重新履行签发、许可手续，而不要在原先的工作票上随意增补工作任务。

案例三十三 小组许可时间早于工作票许可工作时间

【案例描述】

2018 年 5 月 18 日上午，检查南市新区建设发展公司环北二路东段工程涉及供电设施迁移工程等工地。发现问题：小组许可时间早于工作票许可工作时间，如图 7-44 所示。

【相关规定】

《国家电网公司电力安全工作规程（配电部分）》3.4.4：填用配电第一

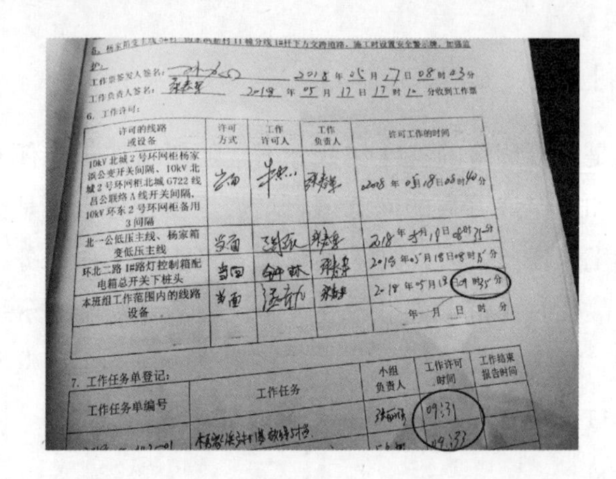

工作票签发人签名：[illegible] 2018年05月17日08时03分

工作负责人签名：[illegible] 2018年05月17日17时10分收到工作票

6. 工作许可：

许可的线路或设备	许可方式	工作许可人	工作负责人	许可工作的时间
10kV北城2号环网柜杨家浜公变开关间隔、10kV北城2号环网柜北城G722线吕公联络A线开关间隔，10kV环东2号环网柜备用3间隔	当面	[illegible]	[illegible]	2018年05月18日08时40分
北一公低压主线、杨家箱变低压主线	当面	[illegible]	[illegible]	2018年 月 日 时 分
环北二路1#路灯控制箱配电箱总开关下桩头	当面	[illegible]	[illegible]	2018年05月18日 时 分
本班组工作范围内的线路设备	当面	[illegible]	[illegible]	2018年05月18日09时35分
				年 月 日 时 分

7. 工作任务单登记：

工作任务单编号	工作任务	小组负责人	工作许可时间	工作结束报告时间
		[illegible]	09:31	
[illegible]	[illegible]	[illegible]	09:33	

图 7-44　小组许可时间早于工作票许可工作时间

种工作票的工作，应得到全部工作许可人的许可，并由工作负责人确认工作票所列当前工作所需的安全措施全部完成后，方可下令开始工作。所有许可手续（工作许可人姓名、许可方式、许可时间等）均应记录在工作票上。3.3.9.7：一个工作负责人不能同时执行多张工作票。若一张工作票下设多个小组工作，工作负责人应指定每个小组的小组负责人（监护人），并使用工作任务单（见附录G）。3.3.9.8：工作任务单应一式两份，由工作票签发人或工作负责人签发。工作任务单由工作负责人许可，一份由工作负责人留存，一份交小组负责人。工作结束后，由小组负责人向工作负责人办理工作结束手续。

【原因分析】

小组许可时间早于工作票许可工作时间，这是因为工作负责人在填写许可时间的时候（至少一处）没有根据实际时间如实填写，造成许可时间倒置。

【防控措施】

工作负责人在执行工作票或工作任务单时，必须认真细心，切忌粗心大意、仓促填写。填写各类时间、文字时，应预先构思清楚，然后再认真填写。

案例三十四　一个工作负责人同时执行两张工作票

【案例描述】

2018 年 6 月 8 日上午，检查 10kV 环二 G627 线富丽雅一级支线 20 号杆安装熔丝具上引线并搭接等工地。发现问题：工作负责人杨某某同时执行《项目四部 2018-06-161 号工作票》和《项目四部 2018-06-162 号工作票》两张工作票。如图 7-45 和图 7-46 所示。

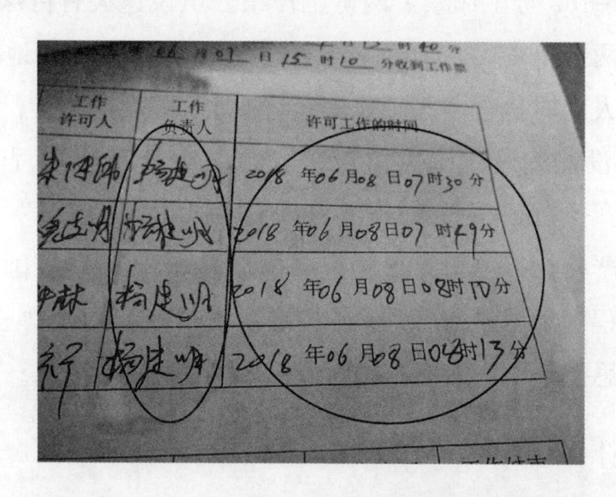

图 7-45　一个工作负责人同时执行两张工作票（一）

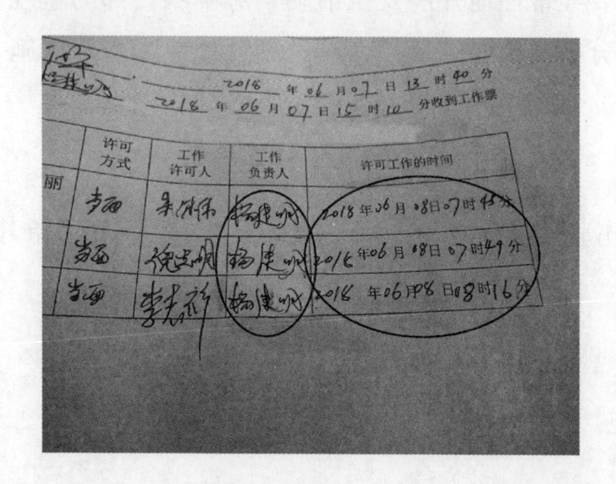

图 7-46　一个工作负责人同时执行两张工作票（二）

【相关规定】

《国家电网公司电力安全工作规程（配电部分）》3.3.9.7：一个工作负责人不能同时执行多张工作票。若一张工作票下设多个小组工作，工作负责人应指定每个小组的小组负责人（监护人），并使用工作任务单（见附录）。

【原因分析】

工作负责人杨某某同时执行《项目四部 2018-06-161 号工作票》和《项目四部 2018-06-162 号工作票》两份工作票。虽说这天有特殊情况（原本是两个工作班，两个负责人，但因当天部分工作负责人去外地培训，所以就让杨某某一个人同时执行两张工作票），然而工作票签发人、工作负责人和工作班成员都没能知晓《国家电网公司电力安全工作规程（配电部分）》3.3.9.7 条："一个工作负责人不能同时执行多张工作票。"的规定；或虽然知晓但没能严格执行（也有可能抱着侥幸心理）。说明《国家电网公司电力安全工作规程（配电部分）》在某些施工人员（特别是"三种人"）脑海中不甚熟悉，思想上不大重视，行为上不愿严格执行。

【防控措施】

各项目部要经常性地开展安全活动，对本项目部的违规事例，反思其发生的原因，分析其可能的后果，讨论制订相应的防范措施，对责任者予以相应处罚。

案例三十五　运行单位仅将线路改为冷备用，但在工作票上许可工作

【案例描述】

2018 年 6 月 19 日上午，检查 10kV 胜利 G110 线滨湖东二级支线 3 号

杆至滨湖小区三级支线 2 号杆线路拆除工地。发现问题：①票面上人员 7 人，实际上签名 8 人；②工作班主要成员陈某某既是小组工作许可人，又是拔杆指挥人，但没有在小组成员名单中；③运行单位仅将线路改为冷备用，不应该在工作票上许可工作；④工作负责人张某某不熟悉小组成员状况，实际上是陈某某在指挥工作（这种情况比较普遍，须引起警觉），如图 7-47 和图 7-48 所示。

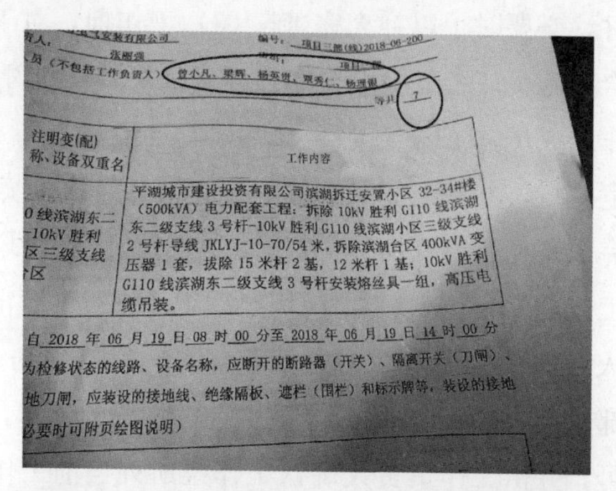

图 7-47 票面上人员 7 人，实际上签名 8 人且工作班主要成员没有在小组成员名单中

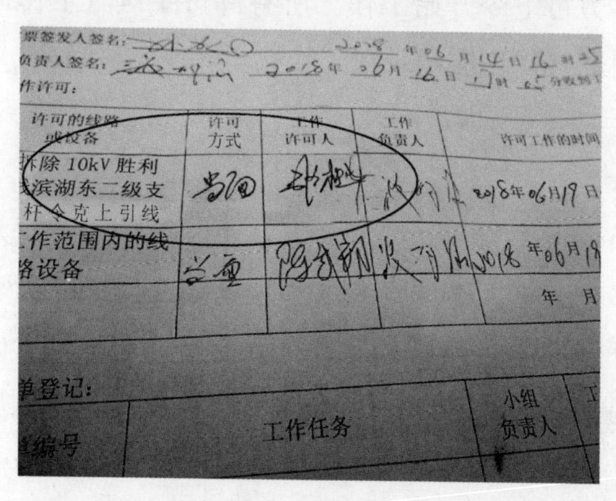

图 7-48 运行单位仅将线路改为冷备用，不应该在工作票上许可工作

【相关规定】

《国家电网公司电力安全工作规程（配电部分）》3.3.8.1：工作票由工

作负责人填写，也可由工作票签发人填写。3.3.8.4：工作票应由工作票签发人审核，手工或电子签发后方可执行。3.3.11：工作票所列人员的基本条件。3.3.11.2：工作负责人应由有本专业工作经验、熟悉工作范围内的设备情况、熟悉本规程，并经工区（车间，下同）批准的人员担任，名单应公布。3.3.12：工作票所列人员的安全责任。3.3.12.2：工作负责人：（1）正确组织工作。（2）检查工作票所列安全措施是否正确完备，是否符合现场实际条件，必要时予以补充完善。（3）工作前，对工作班成员进行工作任务、安全措施交底和危险点告知，并确认每个工作班成员都已签名。3.3.12.5：工作班成员：（1）熟悉工作内容、工作流程，掌握安全措施，明确工作中的危险点，并在工作票上履行交底签名确认手续。3.4.1：各工作许可人应在完成工作票所列由其负责的停电和装设接地线等安全措施后，方可发出许可工作的命令。3.4.3：现场办理工作许可手续前，工作许可人应与工作负责人核对线路名称、设备双重名称，检查核对现场安全措施，指明保留带电部位。3.4.4：填用配电第一种工作票的工作，应得到全部工作许可人的许可，并由工作负责人确认工作票所列当前工作所需的安全措施全部完成后，方可下令开始工作。所有许可手续（工作许可人姓名、许可方式、许可时间等）均应记录在工作票上。

【原因分析】

票面上人员7人，实际上签名8人，实际人数与票面人数不符。工作班成员到底有多少人，工作负责人到了现场还是无法准确掌握。主观上是工作负责人责任性不强；客观上是工作负责人对本班组成员不甚了解，更谈不上熟悉（另外一支队伍让其临时负责）。工作班主要成员陈某某既是小组工作许可人，又是拔杆指挥人，但没有在小组成员名单中。说明施工人员对相关安全规定一知半解，没有真正理解正确含义。运行单位仅将线路改为冷备用，不应该在工作票上许可工作。《国家电网公司电力安全工作规程（配电部分）》规定，工作票上许可工作必须是在检修状态下才能发布许可工作命令。这里主要牵涉到带电作业（运行单位）后的许可问题及与施工单位交接问题。工作负责人张某某不熟悉小组成员状况，实际上是陈某某在指挥工作。这是典型的“两张皮”现象。表面上看起来中规中矩，事实上工作负责人不管事，由其他人全权指挥工作，这种类型比较普遍，须引起警觉。

【防控措施】

建议运行单位将线路（或设备）改为冷备用的，仅在配合停电联系单上注明改为冷备用，而不要在工作票上许可工作。施工单位在接到改为冷备用状态的书面通知后（体现在配合停电联系单上双方签名确认），由本班组人员验电接地并和工作负责人现场核对无误后在工作票上发布许可工作的命令。对工作负责人和工作班成员不熟悉（或不具备指挥该项工作）的问题，建议加大培养工作负责人的力度，修改某些内部规章制度，使他们责、权、利三者有机结合，充分调动他们的积极性。千万不要“两张皮”，这对安全工作是个极大的危害，要让工作负责人懂安全、懂技术、懂协调，能带领工作班成员团结一心，共同关心施工安全和进度。工作票上的安全措施必须全部严格执行。工作负责人必须按照工作票上注明的安全措施逐项全部正确实施，工作班成员应督促工作负责人完成现场所有的安全措施。项目经理、各类安全督查人员应加强现场安全措施的落实情况检查，发现问题及时指出和纠正，并根据相关规定予以责任者严肃处理。

案例三十六　工作任务栏内填写其他班组工作任务

【案例描述】

2018 年 9 月 20 日上午，检查 10kV 外环 G618 线 16 号杆开关安装等工地。发现问题：工作任务栏内填写了不是本班组的工作任务，如图 7-49 所示。

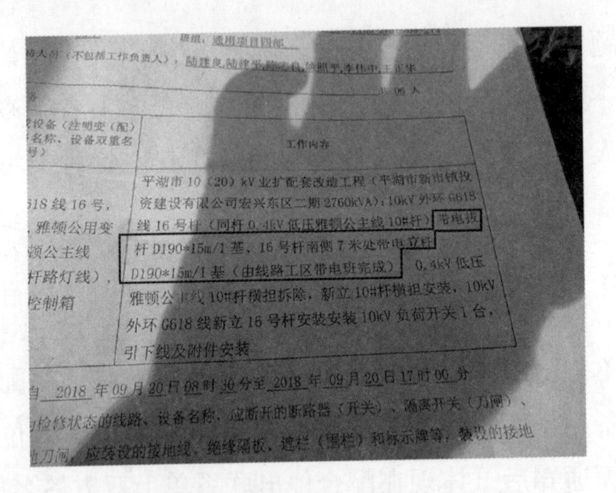

班组：通用项目四部

线路或设备（注明变（配）电站名称、设备双重名称编号）	工作内容
……618线16号，……雅顿公用变……顿公主线……杆路灯线），……控制箱	平湖市10（20）kV业扩配套改造工程（平湖市新埭镇投资建设有限公司宏兴东区二期2760kVA）：10kV外环G618线16号杆（同杆0.4kV低压雅顿公主线10#杆）带电拔杆D190*15m/1基、16号杆南侧7米处带电立杆D190*15m/1基（由线路工区带电班完成），0.4kV低压雅顿公主线10#杆横担拆除，新立10#杆横担安装，10kV外环G618线新立16号杆安装安装10kV负荷开关1台，引下线及附件安装

自 2018 年 09 月 20 日 08 时 30 分至 2018 年 09 月 20 日 17 时 00 分

……检修状态的线路、设备名称，应断开的断路器（开关）、隔离开关（刀闸）、……应装设的接地线、绝缘隔板、遮栏（围栏）和标示牌等，装设的接地……

图7-49 工作任务栏内填写了不是本班组的工作任务

【相关规定】

《国家电网公司电力安全工作规程（配电部分）》3.2.1：配电检修（施工）作业和用户工程、设备上的工作，工作票签发人或工作负责人认为有必要现场勘察的，应根据工作任务组织现场勘察，并填写现场勘察记录（见附录A）。3.2.3：现场勘察应查看检修（施工）作业需要停电的范围、保留的带电部位、装设接地线的位置、邻近线路、交叉跨越、多电源、自备电源、地下管线设施和作业现场的条件、环境及其他影响作业的危险点，并提出针对性的安全措施和注意事项。3.2.4：现场勘察后，现场勘察记录应送交工作票签发人、工作负责人及相关各方，作为填写、签发工作票等的依据。3.3.8.1：工作票由工作负责人填写，也可由工作票签发人填写。3.3.8.2：工作票、故障紧急抢修单采用手工方式填写时，应用黑色或蓝色的钢（水）笔或圆珠笔填写和签发，至少一式两份。工作票票面上的时间、工作地点、线路名称、设备双重名称（即设备名称和编号）、动词等关键字不得涂改。若有个别错、漏字需要修改、补充时，应使用规范的符号，字迹应清楚。用计算机生成或打印的工作票应使用统一的票面格式。3.3.8.4：工作票应由工作票签发人审核，手工或电子签发后方可执行。

【原因分析】

工作任务栏内填写了不是本班组的工作任务，这可能是复制、粘贴导致，在同一工作范围内有带电班组也在同时进行工作，总的工作任务中有这一具体工作任务，所以复制、粘贴后没有复核，审核签发时也没有发现。

【防控措施】

安全性票据的填写与执行应注意：①认真学习相关规章制度；②正确理解相关规章制度；③严格执行相关规章制度。在实践中如有问题，可向专业主管部门书面反映或直接联系，求得解决。如有需要，可由业主管部门联系进行专项培训。

案例三十七　带电立杆安全措施不齐全

【案例描述】

2018 年 9 月 20 日上午，检查 10kV 外环 G618 线 16 号杆带电立杆 1 基等工地。发现问题：带电立杆安全措施不齐全，如图 7-50 所示。

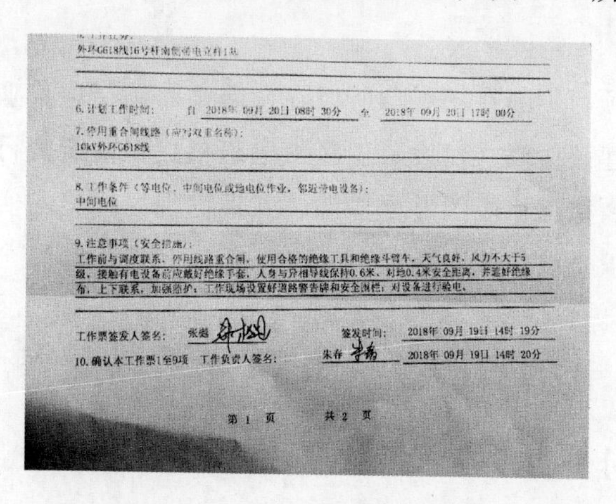

外环G618线16号杆南侧带电立杆1基

6. 计划工作时间：　自 2018年 09月 20日 08时 30分　至 2018年 09月 20日 17时 00分

7. 停用重合闸线路（应写双重名称）：
10kV外环G618线

8. 工作条件（等电位、中间电位或地电位作业，邻近带电设备）：
中间电位

9. 注意事项（安全措施）：
工作前与调度联系、停用线路重合闸，使用合格的绝缘工具和绝缘斗臂车，天气良好，风力不大于5级，接触有电设备前应戴好绝缘手套，人身与异相导线保持0.6米、对地0.4米安全距离，并遮好绝缘布，上下联系，加强监护；工作现场设置好道路警告牌和安全围栏；对设备进行验电。

工作票签发人签名：张越　　签发时间：2018年 09月 19日 14时 19分

10. 确认本工作票1至9项　工作负责人签名：朱春　2018年 09月 19日 14时 20分

第 1 页　　共 2 页

图 7-50　带电立杆安全措施不齐全

【相关规定】

《国家电网公司电力安全工作规程（配电部分）》9.1.6：带电作业项目，应勘察配电线路是否符合带电作业条件、同杆（塔）架设线路及其方位和电气间距、作业现场条件和环境及其他影响作业的危险点，并根据勘察结果确定带电作业方法、所需工具以及应采取的措施。9.6：带电立、撤杆。9.6.1：作业前，应检查作业点两侧电杆、导线及其他带电设备是否固定牢靠，必要时应采取加固措施。9.6.2：作业时，杆根作业人员应穿绝缘靴、戴绝缘手套，起重设备操作人员应穿绝缘靴。起重设备操作人员在作业过程中不得离开操作位置。9.6.3：立、撤杆时，起重工器具、电杆与带电设备应始终保持有效的绝缘遮蔽或隔离措施，并有防止起重工器具、电杆等的绝缘防护及遮蔽器具绝缘损坏或脱落的措施。9.6.4：立、撤杆时，应使用足够强度的绝缘绳索作拉绳，控制电杆的起立方向。

【原因分析】

带电立杆安全措施不齐全，主要原因是平时进行的配电带电作业比较单一，安全措施较为一致，所以就机械地提出了普通带电作业的安全措施，没有针对具体的带电作业提出较为对应的安全措施。工作票签发人和工作负责人也没能认真审核。

【防控措施】

带电作业项目不断在拓展，所以在实施某一项带电作业时，要有相应的安全措施。建议检修（建设）工区带电班根据目前所实行的带电作业项目，分门别类，拟订相应的安全措施，并根据现场勘察的实际情况予以调整完善，以确保带电作业安全顺利进行。

案例三十八　工作班成员代签名

【案例描述】

2018年11月20日上午，检查肖家圩公变0.4kV东线1号杆～15号杆调换导线等工地。发现问题：工作班成员代签名，如图 7-51 所示。

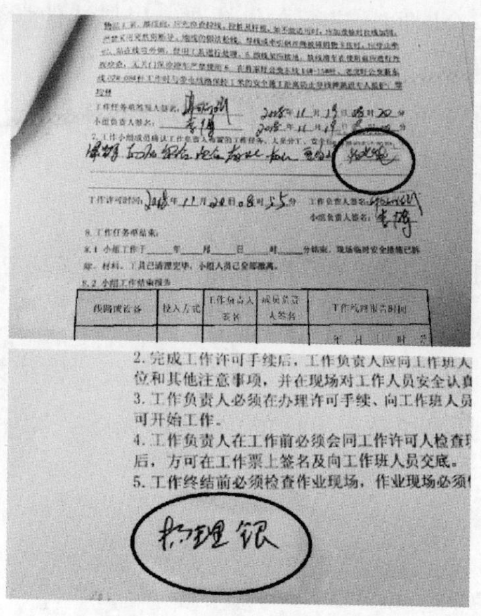

8. 工作任务单结束：

8.1 小组工作于____年____月____日____时____分结束，现场临时安全措施已拆除，材料、工具已清理完毕，小组人员已全部撤离。

8.2 小组工作结束报告

线路或设备	接入方式	工作负责人签名	成员负责人签名	工作终结报告时间
				年 月 日 时 分

2. 完成工作许可手续后，工作负责人应向工作班人
位和其他注意事项，并在现场对工作人员安全认真
3. 工作负责人必须在办理许可手续、向工作班人员
可开始工作。
4. 工作负责人在工作前必须会同工作许可人检查现
后，方可在工作票上签名及向工作班人员交底。
5. 工作终结前必须检查作业现场，作业现场必须

图 7-51　工作班成员代签名

【相关规定】

《国家电网公司电力安全工作规程（配电部分）》3.3.12：工作票所列人员的安全责任。3.3.12.2：工作负责人：工作前，对工作班成员进行工作任务、安全措施交底和危险点告知，并确认每个工作班成员都已签名。3.3.12.5：工作班成员：熟悉工作内容、工作流程，掌握安全措施，明确工作中的危险点，并在工作票上履行交底签名确认手续。

【原因分析】

工作班成员代签名，可能是该成员文化程度不高，不会签名；也有可能是该员工在较远的地方，不方便自己签名确认。代签名无法保证安全交底，对于安全措施的实施没有意义。

【防控措施】

工作班成员签名确认，必须是本人亲自签名。如有文化程度不高的人员，

可以用按指纹的方式代替。建议各项目部对文化程度不高、签名确认有困难的人员，利用晚上空余时间，进行文化补课，尽早让他学会写自己的姓名。

案例三十九　施工作业票上的作业内容和安全注意事项不匹配

【案例描述】

2018 年 12 月 12 日上午，检查 20kV 镇南 B348 线新建锦鑫箱包一级支线 1 号杆安装开关、吊装电缆等工地。发现问题：施工作业票上的作业内容和安全注意事项不匹配（作业内容是安装开关、电缆吊装和附件安装等，安全注意事项主要是电缆敷设方面的内容），如图 7-52 和图 7-53 所示。

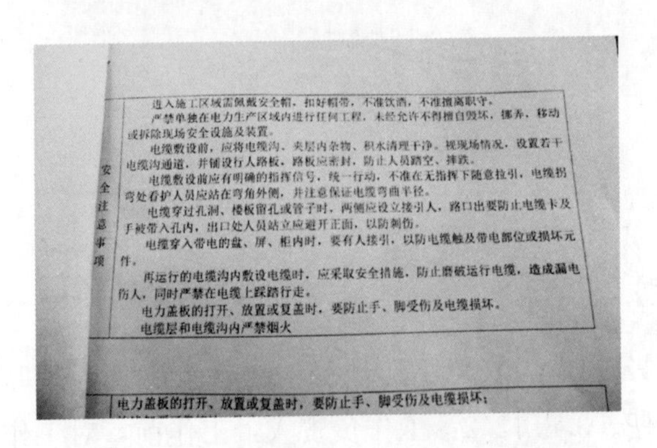

安全注意事项	进入施工区域需佩戴安全帽，扣好帽带，不准饮酒，不准擅离职守。 严禁单独在电力生产区域内进行任何工程，未经允许不得擅自毁坏，挪弃，移动或拆除现场安全设施及装置。 电缆敷设前，应将电缆沟、夹层内杂物、积水清理干净。视现场情况，设置若干电缆沟通道，并铺设行人路板，路板应密封，防止人员踏空、摔跌。 电缆敷设前应有明确的指挥信号，统一行动，不准在无指挥下随意拉引，电缆拐弯处看护人员应站在弯角外侧，并注意保证电缆弯曲半径。 电缆穿过孔洞、楼板留孔或管子时，两侧应设立接引人，路口出要防止电缆卡及手被带入孔内，出口处人员站立应避开正面，以防刺伤。 电缆穿入带电的盘、屏、柜内时，要有人接引，以防电缆触及带电部位或损坏元件。 再运行的电缆沟内敷设电缆时，应采取安全措施，防止磨破运行电缆，造成漏电伤人，同时严禁在电缆上踩踏行走。 电力盖板的打开、放置或复盖时，要防止手、脚受伤及电缆损坏。 电缆层和电缆沟内严禁烟火

电力盖板的打开、放置或复盖时，要防止手、脚受伤及电缆损坏；

图 7-52　作业内容和安全注意事项不匹配（一）

安全注意事项	电力盖板的打开、放置或复盖时，要防止手、脚受伤及电缆损坏； 放线架要可靠接地，防止感应电压伤人。 电缆敷设时应做好防擦伤措施； 敷设人员应均匀分布，缓缓走动，不得拥挤，防止损坏电缆； 沿电缆直线部分每隔 50 m 应有人监护，转弯处和穿出管口处也应有人保护看守，发现问题及时发出停止信号，敷设过程中电缆不得翻身并应保持足够的弯曲半径； 敷设电缆时，电缆管内应清理干净，无杂物，无积水，做好电缆防进水措施； 施工时注意马路车辆交通安全，车辆行放应遵守交通规程，并设红白警示桩 20kV 镇南 B348 线新建锦鑫箱包一级支线 1 号杆邻近道路设警示牌、警示桩，加强监护
安全补充措施	

图 7-53　作业内容和安全注意事项不匹配（二）

【相关规定】

《国家电网公司电力安全工作规程（配电部分）》3.2.3：现场勘察应查看检修（施工）作业需要停电的范围、保留的带电部位、装设接地线的位置、邻近线路、交叉跨越、多电源、自备电源、地下管线设施和作业现场的条件、环境及其他影响作业的危险点，并提出针对性的安全措施和注意事项。3.3.7.9：按口头、电话命令执行的工作应留有录音或书面派工记录。记录内容应包含指派人、工作人员（负责人）、工作任务、工作地点、派工时间、工作结束时间、安全措施（注意事项）及完成情况等内容。

【原因分析】

施工作业票上的安全注意事项和作业内容不匹配（作业内容是安装开关、电缆吊装和附件安装等，安全注意事项主要是电缆敷设方面的内容）。说明填写（签发）施工作业票没有按照实际施工作业情况制订安全注意事项，而是参照原有的安全注意事项复制粘贴，造成施工作业项目变动而安全注意事项没有变动。

【防控措施】

安全性票据上填写的安全措施或安全注意事项，应该是现场勘察时现场确定的安全措施（或安全注意事项），不能减少或削弱，必要时还应补充完善。没有现场勘察的项目，也应根据作业内容、特点、方式、周边环境等因素，制订切实可行、周密完善的安全措施或安全注意事项。对于确实类同的作业项目，也应根据作业地点的不同、周边环境的变化等实际情况予以修改补充完善，不能复制粘贴，照搬照抄。

案例四十　许可工作到接地线装设完毕时间过短

【案例描述】

2018年12月25日上午，检查徐家宅基公变0.4kV北线1号杆～5号杆调换导线等工地。发现问题：许可工作到接地线装设完毕仅 1min，如图 7-54 所示。

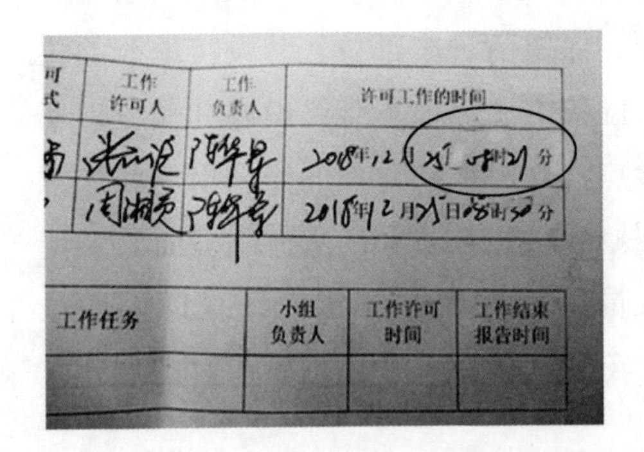

可式	工作许可人	工作负责人	许可工作的时间
[illegible]	[illegible]	[illegible]	2018年12月[illegible]日08时21分
[illegible]	[illegible]	[illegible]	2018年12月25日[illegible]时50分

工作任务	小组负责人	工作许可时间	工作结束报告时间

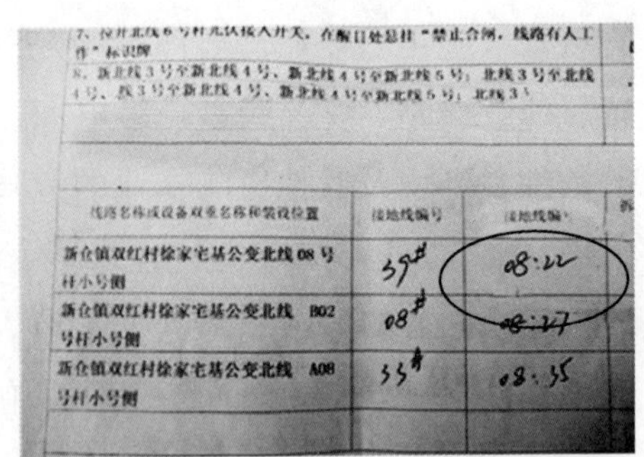

线路名称或设备双重名称和装设位置	接地线编号	接地线编[illegible]
新仓镇双红村徐家宅基公变北线 08 号杆小号侧	59#	08:22
新仓镇双红村徐家宅基公变北线 B02 号杆小号侧	08#	08:27
新仓镇双红村徐家宅基公变北线 A08 号杆小号侧	55#	08:35

图 7-54　许可工作到接地线装设完毕仅 1min

【相关规定】

《国家电网公司电力安全工作规程（配电部分）》3.3.8.3：由工作班组现场操作时，若不填用操作票，应将设备的双重名称，线路的名称、杆号、位置及操作内容等按操作顺序填写在工作票上。

【原因分析】

许可工作到接地线装设完毕仅 1min，这是不现实的。这说明工作负责人对工作票上的时间填写没有正确认识，随意填写各类时间，没有真正按照实际时间填写。

【防控措施】

安全性票据上的各类时间，都必须实事求是地填写，而不能随意填写、估算填写。建议加强对工作票正确填写和执行的教育和考核，每月将填写与执行比较好的项目部和填写与执行问题比较多的项目部分别予以通报表扬和通报批评；对问题比较大的安全性票据，批注后予以公开曝光。

案例四十一　工作票上注明装设接地线的位置，实际无法装设

【案例描述】

2019 年 1 月 10 日上午，检查某公司新装 80kVA 变配电工程工地。发现问题：工作票上注明 12 号杆小号侧装设接地线一组，但 12 号杆上没有验电接地环，无法装设接地线，如图 7-55 和图 7-56 所示。

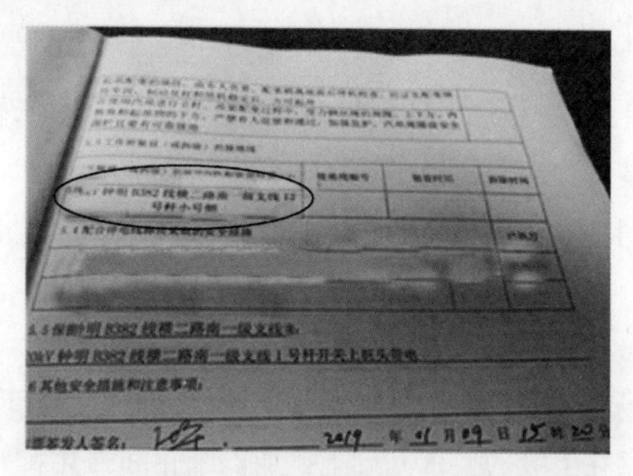
其他安全措施和注意事项：

签发人签名：　　2019 年 01 月 09 日 15 时 20 分

图 7-55　12 号杆上没有验电接地环，无法装设接地线

图 7-56　12 号杆现场图片

【相关规定】

《国家电网公司电力安全工作规程（配电部分）》3.2.3：现场勘察应查

看检修（施工）作业需要停电的范围、保留的带电部位、装设接地线的位置、邻近线路、交叉跨越、多电源、自备电源、地下管线设施和作业现场的条件、环境及其他影响作业的危险点，并提出针对性的安全措施和注意事项。3.2.4：现场勘察后，现场勘察记录应送交工作票签发人、工作负责人及相关各方，作为填写、签发工作票等的依据。3.3.8.1：工作票由工作负责人填写，也可由工作票签发人填写。3.3.8.4：工作票应由工作票签发人审核，手工或电子签发后方可执行。

【原因分析】

工作票上注明 12 号杆小号侧装设接地线一组，但 12 号杆上没有验电接地环，无法装设接地线，说明现场勘察不认真、不到位，也可能没去现场勘察，就凭图纸或记忆和经验填写了现场勘察记录。

【防控措施】

要提升现场勘察的实效，建议专业主管部门讨论制订现场勘察实施意见，对现场勘察在上级的要求基础上，加以细化和强化，如接地点、围栏设置处、交跨电力线路的编号牌等关键处需附照片加以佐证，避免现场勘察流于形式。对现场勘察中确定需实施的现场安全措施，应明确实施单位（部门），并在现场勘察记录中清晰记载，参加现场勘察的所有人员签名确认前应认真检查现场勘察记录是否正确无误，发现问题及时指出并纠正，如无问题再签字确认。填写和签发工作票等安全性票据，应严格按照现场勘察记录中的内容，全部正确予以填写，不得遗漏、缺失和减少。

项目八

其他案例

【项目描述】

本项目包含综合性方面等内容。通过案例分析，了解其他方面发现的问题；熟悉配电网运行、施工、检修等综合性方面的相关规定要求；掌握配电网运行、施工、检修等综合性方面的技能。

案例一　用铝导线做临时拉线

【案例描述】

2013 年 4 月 1 日下午，检查穿心港台区 0.4kV 北线架线等工地。发现问题：用铝导线做临时拉线，如图 8-1 所示。

图 8-1　用铝导线做临时拉线

【相关规定】

《国家电网公司配电网工程典型设计（10kV 架空线路分册）》图纸中规定拉线需用 GJ-钢绞线。

【原因分析】

用铝导线做临时拉线，是没有充分认识到拉线的拉力导致。该拉线的拉力要大于（等于）四相导线的总拉力，所以用相同规格的导线是承受不了该拉力的。可能是现场没有带临时拉线，而用导线来代替。

【防控措施】

利用空闲时间对施工人员进行有针对性的技能培训，逐步使他们懂得具体安全措施的规范做法、安全措施的原理、安全措施不规范导致的后果，从根本上提升施工人员的安全素质。

案例二 作业人员携带器材在杆塔上移位

【案例描述】

2013 年 5 月 2 日上午，检查吃素浜台区补点工程工地。发现问题：作业人员一手拿紧线器，一手拿断线钳在杆塔上移位，如图 8-2 所示。

图 8-2 作业人员一手拿紧线器，一手拿断线钳在杆塔上移位

【相关规定】

《国家电网公司电力安全工作规程（配电部分）》6.2.2：杆塔作业应禁止以下行为：携带器材登杆或在杆塔上移位。

》【原因分析】

杆上作业一手拿紧线器，一手拿断线钳，这是贪图省力的表现。可能是断线钳和紧线器都要使用，传递下来或绑扎在横担上都费时费力，不如拿在手里移个位置来得方便。

》【防控措施】

应注重安全、技能的日常培训教育工作。可尝试每月每项目部安全、技能培训教育不少于一次，作为一项考核内容。培训教育内容可由各项目部自行提出，主要针对本项目部的薄弱环节，由专业管理部门准备培训教育教材进行培训。时间可由各项目部和专业管理部门联系，尽量不影响正常工作。各班组可参照此办法进行日常的安全、技能培训教育，以尽快提升基层班组安全、技能素质，夯实安全基础。

案例三　接地线没用绳子传递

》【案例描述】

2013 年 7 月 5 日上午，检查幸福 2 号河台区 0.4kV 配合停电等工地。发现问题：接地线不用绳子传递，而是直接背上去，如图 8-3 所示。

图 8-3　接地线不用绳子传递，而是直接背上去

【相关规定】

《国家电网公司电力安全工作规程（配电部分）》6.2.2：杆塔作业应禁止以下行为：携带器材登杆或在杆塔上移位。

【原因分析】

接地线不用绳子传递，而是直接背上去，这是典型的贪图省力的事例。营业所人员这样做，给外协施工队伍人员造成不良影响，在某种程度上会带动他们违章作业。

【防控措施】

接地线不用绳子传递，而是直接背上去，这类现象可能比较普遍。要对营业所员工进行有针对性的安全教育，并要求他们在外协施工队伍员工面前做安全标兵，树立国家电网公司员工良好素质形象，影响并带动他们安全生产，遵规守纪。建议专业管理部门对营业所员工的安全生产活动多加督查指导，以提升他们的安全技能整体素质。

案例四　断线钳骑跨在导线上

【案例描述】

2013 年 10 月 29 日中午，检查陶瓷街台区 0.4kV 东线调线等工地。发现问题：断线钳骑跨在导线上，如图 8-4 所示。

【相关规定】

《国家电网公司电力安全工作规程（配电部分）》17.1.5：高处作业应使用工具袋。上下传递材料、工器具应使用绳索；邻近带电线路作业的，应使用绝缘绳索传递，较大的工具应用绳拴在牢固的构件上。

图 8-4 断线钳骑跨在导线上

【原因分析】

断线钳骑跨在导线上的行为很少见，可能是操作人员有侥幸心理，明知故犯。

【防控措施】

断线钳骑跨在导线上的行为应连带考核具体施工人员、工作负责人和现场安全员。对这种明知故犯的违规现象一定要从严处罚，使他们不敢违规，不想违规，不愿违规。

案例五 高压试验区域内有安装施工人员在工作

【案例描述】

2014 年 3 月 17 日上午，检查纵贯机械有限公司业扩工程施工、电缆敷设等工地。发现问题：高压试验区域内有安装施工人员在工作，如图 8-5 所示。

【相关规定】

《国家电网公司电力安全工作规程（配电部分）》11.2.1：配电线路和设备的高压试验应填用配电第一种工作票。在同一电气连接部分，许可高

图 8-5 高压试验区域内有安装施工人员在工作

压试验工作票前，应将已许可的检修工作票全部收回，禁止再许可第二张工作票。一张工作票中，同时有检修和试验时，试验前应得到工作负责人的同意。11.2.5：试验现场应装设遮栏（围栏），遮栏（围栏）与试验设备高压部分应有足够的安全距离，向外悬挂“止步，高压危险!”标示牌。被试设备不在同一地点时，另一端还应设遮栏（围栏）并悬挂“止步，高压危险!”标示牌。

【原因分析】

高压试验区域内有安装施工人员在工作，是严重违反《国家电网公司电力安全工作规程（配电部分）》规定的行为，甚为少见，这说明项目经理现场管理存在很多问题。

【防控措施】

据了解，当天工作没有高压试验这一项目的，所以线路施工工作票中没有试验任务，也没有其他的工作票。对于这个试验任务有没有指派和试验人员有没有相应证书这两点，建议调查清楚，并在此基础上进行有针对性的处罚。

案例六 立杆抱杆位置布置不当

【案例描述】

2014 年 5 月 23 日上午，检查马家埭台区 0.4kV 北线立杆 20 基等工地。发现问题：立杆抱杆位置布置不当，致使立杆不能顺利进行，如图 8-6 所示。

图 8-6　立杆抱杆位置布置不当

【相关规定】

《国家电网公司电力安全工作规程（配电部分）》6.3.1：立、撤杆应设专人统一指挥。开工前，应交代施工方法、指挥信号和安全措施。6.3.10：使用固定式抱杆立、撤杆，抱杆基础应平整坚实，缆风绳应分布合理，受力均匀。

【原因分析】

立杆抱杆位置布置不当，致使立杆不能顺利进行，主要是指挥人员技能水平有限，没能全面细致地观察地形，并根据实际地形状况设置抱杆位置，工作班成员也没能关心施工安全。

【防控措施】

立杆抱杆位置布置不当，是工作班人员特别是工作负责人的技能水平较低所致。要着重提升工作班人员特别是工作负责人的技能水平，可以采用培训、自学、辅导、提问等方式，解决施工班组普遍存在的技能水平不高的问题。

案例七　机动绞磨拉尾绳人员未能控制尾绳位置

【案例描述】

2014 年 5 月 23 日上午，检查马家埭台区 0.4kV 北线立杆 20 基等工地。发现问题：在放下电杆的时候，机动绞磨拉尾绳人员未能控制尾绳位置，致尾绳外跑，如图 8-7 所示。

图 8-7　绞磨卷筒上钢丝绳位置外移

【相关规定】

《国家电网公司电力安全工作规程（配电部分）》14.1.1：作业人员应了解机具（施工机具、电动工具）及安全工器具相关性能，熟悉其使用方法。

【原因分析】

机动绞磨拉尾绳人员没能控制尾绳位置，致尾绳外跑是工作班成员严重失职所造成的，危害较大。机动绞磨拉尾绳人员在电杆不能起吊而需要放下来的时刻，不是关注尾绳情况，而是抬头观看电杆情况，造成尾绳外跑致卡死，钢丝绳严重受损，致使电杆较长时间滞留在空中，也耽误了整体的立杆时间。

【防控措施】

机动绞磨拉尾绳人员没能控制尾绳位置，既反映出施工人员责任心不强的问题，也反映出施工人员技能水平不高的问题。对此应该：①加强对工作班人员的责任心教育；②可以采用培训、自学、辅导、提问等方式，解决技能水平不高的问题。

案例八　专责监护人对所监护的交跨带电线路安全距离不清楚

【案例描述】

2014 年 7 月 7 日上午，检查新埭镇大齐塘村张家浜台区 0.4kV 北线 1 号杆～10 号杆调换导线等工地。发现问题：询问专责监护人与交跨的 10kV 带电线路最小安全距离是多少？对方未能回答。现场图片如图 8-8 所示。

图 8-8　现场图片

【相关规定】

《国家电网公司电力安全工作规程（配电部分）》3.3.11.4：专责监护人应由具有相关专业工作经验，熟悉工作范围内的设备情况和本规程的人员担任。

【原因分析】

由于工作班熟练人员偏少，所以往往把懂安全懂技术的人员安排在重要的施工岗位上，而对专责监护人相对随意设置，只要工作票上写了，实际施工中有人监护，而没有考虑到这样做是否安全。这是工作票签发人或工作负责人漠视专责监护人的重要性，致使所派专责监护人不具备专责监护人资格，专业知识欠缺，连最基本的安全距离也说不上来。这样的专责负责人无法在工作中正确做好专责监护工作。

【防控措施】

要重视专责监护人的选用。建议对专责监护人和“三种人”进行培训、考核并备案，避免没有具备专责监护人资格的人员担任专责监护人。加强对专责监护人员的培训教育，提升监护人员的安全知识和专业技能知识，提高专责监护人员的技能素质，使得专责监护人员名副其实，有能力做好专责监护工作。

案例九　放线架支架垫物不稳固

【案例描述】

2014 年 10 月 16 日上午，检查小港台区 0.4kV 线路改造等工地。发现问题：放线架支架垫物不稳固，如图 8-9 所示。

【相关规定】

《国家电网公司电力安全工作规程（配电部分）》14.2.4：放线架应支撑在坚实的地面上，松软地面应采取加固措施。放线轴与导线伸展方向应垂直。

图 8-9 放线架支架垫物不稳固

【原因分析】

放线架支架垫物不稳固，容易导致线盘倾倒，其原因应该是没有想到线盘比较高，放线架高度不够，只能临时找点东西来垫高。看到水泥拉盘差不多就用上了，殊不知水泥拉盘下部是梯形的，不稳固的。

【防控措施】

放线架的支架应选择适当，实在不行的话，垫物一定要稳固且坚硬，能保证线盘在滚动中保持稳定。

案例十 双直分线杆一边导线拆除后未设置永久拉线

【案例描述】

2014 年 10 月 27 日上午，检查 10kV 马厩 G849 线鸭头湾分线 0 号杆～3 号杆拆线等工地。发现问题：双直分线杆一边导线拆除后未设置永久拉线，如图 8-10 所示。

【相关规定】

《国家电网公司电力安全工作规程（配电部分）》6.4.5：紧线、撤线前，应检查拉线、桩锚及杆塔。必要时，应加固桩锚或增设临时拉线。拆除杆上导线前，应检查杆根，做好防止倒杆措施，在挖坑前应先绑好拉绳。

图 8-10 双直分线杆一边导线拆除后未设置永久拉线

【原因分析】

双直分线杆一边导线拆除后没设置永久拉线，这是工作负责人对工作极不认真的表现，也是工作技能低下的体现。作业人员登杆前也没有检查拉线情况。询问工程部和项目部，都说按计划有增设拉线的，但是现场没有增设拉线的材料和工作安排。假如计划上没有的话，工作负责人到了现场根据实际情况也应该决定增设拉线，否则电杆势必要向分线侧倾斜，而分线侧有公路及带电导线，必然形成新的缺陷，甚至可能造成事故。

【防控措施】

施工应严格按照施工图纸进行，不得随意增设或减少，项目经理应经常指导、检查施工中有没有按图施工，对不按施工图纸进行施工的，应及时纠正，并进行相应的处罚。

案例十一 用脚扣登树攀高

【案例描述】

2014 年 12 月 5 日上午，检查 10kV 环北 G702 线迁移工程等工地。发现问题：有员工用脚扣登树攀高，被当场制止，如图 8-11 所示。

图 8-11 用脚扣登树攀高

【相关规定】

《国家电网公司电力安全工作规程（配电部分）》14.1.1：作业人员应了解机具（施工机具、电动工具）及安全工器具相关性能、熟悉其使用方法。

【原因分析】

由于树的外表呈不规则圆形，和电杆的圆形是不一致的，所以用脚扣来登树是极其危险的，可能是施工人员没有意识到这个问题。

【防控措施】

脚扣只能攀登相应规格的电杆，而不能攀登不规则的圆形物体或不符合相应规格的电杆，防止损坏脚扣，造成高空坠落事故。

案例十二 电杆随意堆放在公路上，无任何警示标志

【案例描述】

2015 年 3 月 23 日上午，检查 10kV 穗轮 G271 线金穗路一级支线 3 号杆组装路灯变一台等工程工地。发现问题：电杆随意堆放在公路上，没有任何警示标志，极易造成交通事故，如图 8-12 所示。

图 8-12 电杆随意堆放在公路上，没有任何警示标志

【相关规定】

《中华人民共和国道路交通安全法》第三十一条：未经许可，任何单位和个人不得占用道路从事非交通活动。

【原因分析】

电杆随意堆放在马路上，没有任何警示标志，主要是贪图省力、方便，自以为已经摆放靠边了，认为不会发生交通事故。但事实上这类事故已发生多起，应引起重视。

【防控措施】

电杆堆放一定要注意堆放在不影响各类车辆和行人通行的地方，必要时应设置警示标志。要从车辆驾驶人、骑车人和行人的角度考虑安全问题，而不能从自身角度想当然。

案例十三 指挥吊车立杆未使用统一的指挥信号

【案例描述】

2015 年 4 月 23 日上午，检查河带台区 0.4kV 线路改造立杆工地。发现问题：指挥吊车立杆未使用统一的指挥信号，如图 8-13 所示。

图 8-13 指挥吊车立杆未使用统一的指挥信号

【相关规定】

《国家电网公司电力安全工作规程（配电部分）》6.3.1：立、撤杆应设专人统一指挥。开工前，应交代施工方法、指挥信号和安全措施。

【原因分析】

指挥吊车立杆没使用统一的指挥信号（旗语），经了解旗帜是有的，但是放在车内没有使用。指挥吊车立杆没有使用哨子旗帜，这是极不应该的。已经统一配发了旗帜哨子，仍然没用，只能是施工人员不想用。不想用的原因包括：①忘带旗帜哨子；②贪图省力随手指挥；③临时外来施工人员没有旗帜哨子；④不知道指挥立杆需要用旗语哨音来指挥。

【防控措施】

立杆、架线必须使用统一的信号（旗语、哨音）来指挥，这是《国家电网公司电力安全工作规程（配电部分）》的要求，也是现实的需要。对违反规定不使用旗语、哨音指挥立杆、架线作业，应对工作负责人或指挥人员予以处罚。平时安全检查（督查）也要关注这个问题，看看有没有带旗帜哨子。建议可在适当时间对相关人员进行一次吊车立（撤）杆的专项安全教育，将旗语和哨音作为安全教育内容，使大家重视并统一信号。

案例十四　杆上作业人员拆下横担随手扔

【案例描述】

2015年5月12日上午，检查黄沙河台区0.4kV线路改造工程等工地。发现问题：杆上作业人员未带传递绳，拆下横担随手扔下，如图8-14所示。

图8-14　杆上作业人员未带传递绳，拆下横担随手扔下

【相关规定】

《国家电网公司电力安全工作规程（配电部分）》17.1.5：高处作业应使用工具袋。上下传递材料、工器具应使用绳索；邻近带电线路作业的，应使用绝缘绳索传递，较大的工具应用绳拴在牢固的构件上。

【原因分析】

杆上作业人员未带传递绳，拆下横担随手扔下，说明作业人员贪图省力、漠视安全，属于典型违章作业，工作负责人及其他人员也熟视无睹，说明这种现象比较普遍。

【防控措施】

杆上作业人员未带传递绳，拆下横担随手扔下这类违章现象，施工人员和工作负责人都有责任。应加大教育培训和考核处罚力度，力争杜绝此类违章现象。对此类违章现象，应在违章曝光台上予以点名曝光，使其成为反面典型案例。

案例十五 临时拉线应设未设

【案例描述】

2015 年 9 月 2 日上午，检查 10kV 山塘 G265 线联络分线 10 号杆至计家圩一级支线 9 号杆调杆调线工作等工地。发现问题：①耐张杆没有拉线导线已经松下来了；②直线杆成临时终端杆，没有设置临时拉线。如图 8-15 和图 8-16 所示。

图 8-15 耐张杆没有拉线导线已经松下来了

【相关规定】

《国家电网公司电力安全工作规程（配电部分）》6.4.5：紧线、撤线前，应检查拉线、桩锚及杆塔。必要时，应加固桩锚或增设临时拉线。拆除杆上导线前，应检查杆根，做好防止倒杆措施，在挖坑前应先绑好拉绳。

图 8-16 直线杆成临时终端杆，没有设置临时拉线

【原因分析】

耐张杆没有拉线导线已经松下来了和直线杆成临时终端杆没有设置临时拉线，都属于典型的贪图施工省力，而忽视了施工安全的行为。可能工作负责人根据经验认为这样做不会倒杆，但安全施工绝对不能“艺高人胆大”，而要规规矩矩、老老实实地做好每一项现场安全措施。

【防控措施】

加强对工作负责人的安全教育，建议每年举办一期工作负责人（包括工作票签发人、工作许可人、专责监护人）技能提升培训班，具体培训内容可根据实际需要提出培训要求，专业管理部门根据培训要求制作培训课件，做到有的放矢，提高培训效能。任何施工作业均需按照安全规程和技能规程、现场安全措施进行施工，绝对不能胆大妄为，省却现场任何安全措施。对现场安全措施不够齐全完善的，还应予以补充完善。

案例十六　杆上作业未使用后备保护绳

【案例描述】

2015年12月7日上午，检查10kV南门G101线商校一级支线3号杆至7号杆线路拆除等工地。发现问题：杆上作业未使用后备保护绳，如图8-17所示。

图8-17　杆上作业未使用后备保护绳

【相关规定】

《国家电网公司电力安全工作规程（配电部分）》6.2.3：杆塔上作业应注意以下安全事项：在杆塔上作业时，宜使用有后备保护绳或速差自锁器的双控背带式安全带，安全带和保护绳应分挂在杆塔不同部位的牢固构件上。

【原因分析】

杆上作业未使用后备保护绳，可能是作业人员不习惯使用，而工作负责人漠视了这个问题。

【防控措施】

杆上作业应使用后备保护绳，要慢慢养成这个习惯。建议作为重点安全督查项目，予以改进并巩固。

案例十七 吊装配变架构不牢靠

【案例描述】

2016年7月19日上午，检查洋浜公变10kV配变改造工程等工地。发现问题：吊装配变架构不牢靠，如图8-18所示。

图8-18 吊装配变架构不牢靠

【相关规定】

《国家电网公司电力安全工作规程（配电部分）》16.2.1：起吊重物前，应由起重工作负责人检查悬吊情况及所吊物件的捆绑情况，确认可靠后方可试行起吊。起吊重物稍离地面（或支持物），应再次检查各受力部位，确认无异常情况后方可继续起吊。

【原因分析】

吊装配变架构不牢靠，吊装架构没有固定措施，容易滑动，极易造成事故。工作负责人和工作班成员都没有意识到这个后果，说明安全意识和技能水平低下。

【防控措施】

吊装配变架构必须牢固可靠，不能滑动，且能承受所吊装物品的重量。工作负责人和工作班成员都应增强安全意识，提升技能水平，避免此类事件的发生。

案例十八 配变吊装严重倾斜

【案例描述】

2016 年 7 月 19 日上午，检查洋浜公变 10kV 配变改造工程等工地。发现问题：配变吊装严重倾斜，如图 8-19 所示。

图 8-19 配变吊装严重倾斜

【相关规定】

《国家电网公司电力安全工作规程（配电部分）》16.2.1：起吊重物前，应由起重工作负责人检查悬吊情况及所吊物件的捆绑情况，确认可靠后方可试行起吊。起吊重物稍离地面（或支持物），应再次检查各受力部位，确认无异常情况后方可继续起吊。

【原因分析】

配变吊装严重倾斜，没有停止吊装并采取措施予以改进，而是继续吊装，不重视安全、质量，现场也没有人提出并制止，这是典型的只要进度不要安全、质量的事例。

【防控措施】

配变吊装不能倾斜，指挥人员应具备一定的起重吊装知识，要重视安全和质量，吊装中发现配变等起吊物有倾斜，应立即停止起吊，采取措施调整合适后再行起吊。现在的配变形状多样，吊装方式和吊装受力点都不一样，建议在空闲时开展一期配变吊装专项培训，提高施工人员（特别是工作负责人）的技能水平。

案例十九　急救箱内急救药品不全

【案例描述】

2016 年 8 月 29 日上午，检查 10kV 昌盛 G717 线 2 号对接箱到 3 号环网柜敷设电缆等工程工地。发现问题：急救箱内除了防止中暑药品外无任何急救药品，如图 8-20 所示。

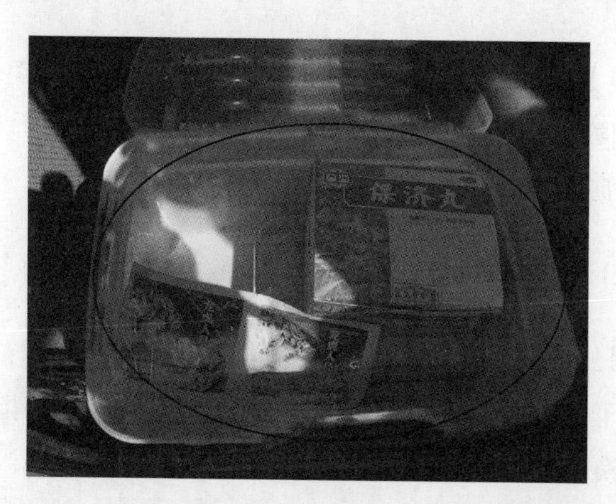

图 8-20　急救箱内除了防止中暑药品外无任何急救药品

【相关规定】

《国家电网公司电力安全工作规程（配电部分）》2.3.2：经常有人工作的场所及施工车辆上宜配备急救箱，存放急救用品，并应指定专人经常检查、补充或更换。

【原因分析】

急救箱内除了防止中暑药品外无任何急救药品，说明没有意识到急救药品的重要性。

【防控措施】

急救箱内应有一定数量和品种的急救药品，建议应由汽车驾驶员负责，及时增补更换。每月至少检查一次，发现急救药品有过期或缺少时，应立即汇报并补充完善，保证急救箱在关键时刻能发挥其应有的作用。

案例二十 急救箱内药品过期

【案例描述】

2016年10月17日上午，检查20kV芦花B316线79号杆～87号杆（及分支线）调换配变、避雷器和绝缘子等工地。发现问题：一包药品已过期，如图8-21所示。

【相关规定】

《国家电网公司电力安全工作规程（配电部分）》2.3.2：经常有人工作的场所及施工车辆上宜配备急救箱，存放急救用品，并应指定专人经常检查、补充或更换。

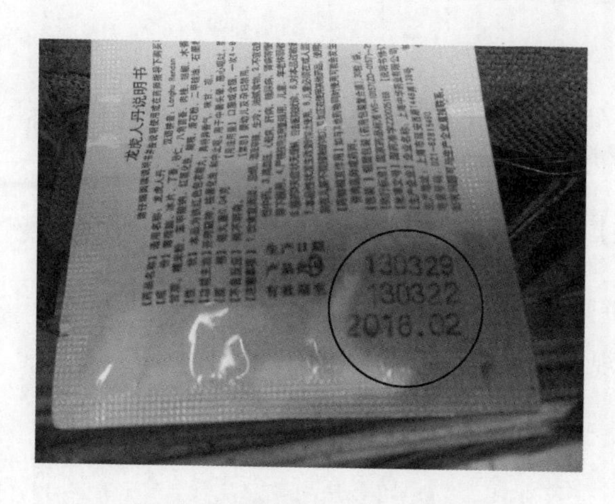

图 8-21 急救箱内的药品已过期

【原因分析】

药品过期，反映出各项目部负责人对这项工作极不重视。工作负责人和车辆驾驶员均没能及时进行检查，说明施工队伍还是把急救药品当成摆设，没有考虑需要使用的突发情况，所以对急救药品的平时检查、补充和更换没有概念，更没有计划和行动，致使这类事情多次发生。

【防控措施】

急救箱内药品的检查和补充一定要制订措施，落实责任。可由各车辆驾驶员负责对本人驾驶的车辆急救箱每月检查一次，检查急救箱内的药品、器材是否缺少、是否需要增补，反映给项目部负责人及时予以增补、调整。建议专业主管部门提供急救药品品种和数量建议清单，明确不能少于几种必须常备的品种和最低数量，让各项目部自行制订药品清单，随箱放置。为了防止药品过期，各项目部在采购药品时要关注使用期限，尽量采购使用期限比较长的药品放置药箱。记录每种药品的使用期限，提前一个月进行调换。每年年底前进行一次全面检查，及时调整、补充急救药品和器材，对使用期限在下一年度的全部撤除，以确保急救药品、器械等适用和数量、品种的齐全。

案例二十一　超长车辆没有醒目标志

【案例描述】

2016 年 10 月 30 日上午，路过发现鸿安项目部在公路上运输电杆，电杆尾部没有按规定设置醒目标志，如图 8-22 所示。

图 8-22　超长车辆没有醒目标志

【相关规定】

《国家电网公司电力安全工作规程（配电部分）》16.3.2：装运电杆、变压器和线盘应绑扎牢固，并用绳索绞紧。水泥杆、线盘的周围应塞牢，防止滚动、移动伤人。运载超长、超高或重大物件时，物件重心应与车厢承重中心基本一致，超长物件尾部应设标志。

【原因分析】

在公路上运输电杆，电杆尾部没有按规定设置醒目标志，是严重违反安规和道路交通法规的行为，极易造成交通事故。驾驶员和工程部负责人都缺乏道路交通安全意识，如果出了事故将后悔莫及。

【防控措施】

道路交通安全是电力施工安全生产的一项重要组成部分，要加强对施工人员特别是工作负责人和驾驶人员的道路交通法规知识的学习，可利用短信、微信和宣传栏进行交通安全知识的培训宣传，对发现的违规行为进行劝阻和引导，逐步消除不安全的行为。

案例二十二　放线架（导线）未接地

【案例描述】

2016 年 11 月 2 日下午，检查钟埭变 20kV 钟平线网架完善新建工程等工地。发现问题：放线架（导线）未接地，如图 8-23 所示。

图 8-23　放线架（导线）未接地

【相关规定】

《国家电网公司电力安全工作规程（配电部分）》6.6.4：邻近带电线路工作时，人体、导线、施工机具等与带电线路的距离应满足表 5-1 规定，作业的导线应在工作地点接地，绞车等牵引工具应接地。

【原因分析】

放线架（导线）应接地，可能是各项目部不清楚该要求，或者平时检查不到位或根本没有检查。此外，项目部没能重视这个问题，现场也没有检查落实。

【防控措施】

放线架、机动绞磨等金属工器具必须接地，邻近带电线路的作业导线应可靠接地并能适用。建议专业主管部门加强日常的宣传和教育，并通过现场检查等方式实际检验是否改进。

案例二十三　拆、松导线未使用滑车

【案例描述】

2016 年 12 月 6 日下午，检查 10kV 昌盛 G717 线新北西侧一级支线 11 号杆～34 号杆导线拆除等工程等工地。发现问题：拆、松导线未使用滑车，如图 8-24 所示。

图 8-24　拆、松导线未使用滑车

【相关规定】

《电气装置安装工程 66kV 及以下架空电力线路施工及验收规范》8.1.7：放、紧线过程中，导线不得在地面、杆塔、横担、架构、绝缘子及其他物体上拖拉，对牵引线头应设专人看护。

【原因分析】

拆、松导线没有使用滑车。说明对导线在展放过程中有可能受到的磨损不重视，或者说根本不管。

【防控措施】

拆、松导线必须使用滑车，既是对导线的保护，也是安全生产必须做到的。

案例二十四 车载灭火器喷嘴缺失

【案例描述】

2017 年 6 月 21 日上午，检查 10kV 独黎 G701 线独黎北一级支线 33 号杆补偿电容器等拆除工程工地。发现问题：车载灭火器喷嘴缺失，如图 8-25 所示。

图 8-25 车载灭火器喷嘴缺失

【相关规定】

《国家电网公司电力安全工作规程（电网建设部分）》4.4.1.1：机动车辆运输应按《中华人民共和国道路交通安全法》的有关规定执行。车上应配备灭火器。

【原因分析】

车载灭火器喷嘴缺失，但检查记录完好，说明检查人员没有认真检查，敷衍了事，检查记录随意填写。

【防控措施】

灭火器的检查要尽心尽责，要认真检查各项应该检查的内容，然后才能实事求是地填写检查单据。要真正落实责任制，谁检查谁负责，发现问题要严肃追究检查者的责任。

案例二十五 施工现场无图纸

【案例描述】

2017年7月10日上午，检查10kV南门6号环网柜调换等工地。发现问题：施工现场无图纸，经询问运维部和项目经理，均说有图纸的，但工作负责人说没有，且文件夹里也找不到图纸，如图8-26所示。

【相关规定】

《国家电网有限公司10（20）kV及以下配电网工程施工项目部标准化管理手册》（设备配电〔2019〕20号）1.2条：开展内部施工图预检，参加设计交底及施工图会检，严格按图施工。

【原因分析】

施工现场无图纸是个普遍性问题，主要是施工队伍特别是工作负责人没有这种习惯，个别工作负责人能否看懂图纸也是个问题，加上专业主管部门要求不严，验收不实，致使按图施工还停留在口头上，造成组装错误返工或留下隐患的事件时有发生。

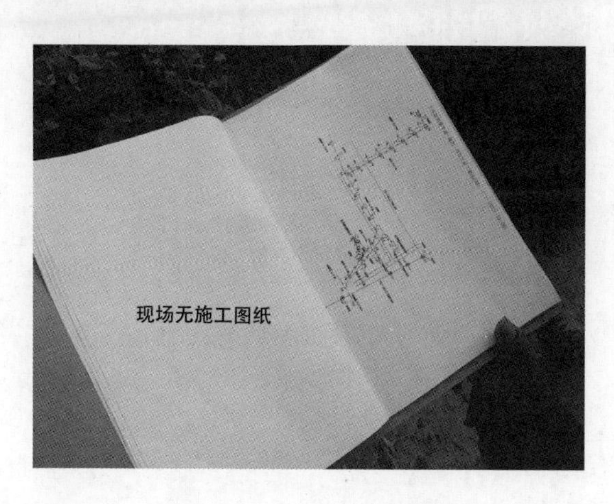

图 8-26 施工现场无图纸

【防控措施】

按图施工是基本常识，也是控制质量的一个重要步骤。建议专业主管部门发布通知，要求各项目部在进行各项工程施工时，必须将相关图纸带至现场，根据图纸要求进行安装和施工，使按图施工落到实处，保证施工质量，减少返工和隐患现象。

案例二十六 架设好的导线未及时固定

【案例描述】

2017 年 7 月 17 日上午，检查腰圩公变 0.4kV 南线架线及接户线搭接等工地。发现问题：早几天架设好的导线未及时固定，直接搁置在横担上，如图 8-27 所示。

图 8-27 架设好的导线未及时固定

【相关规定】

《电气装置安装工程 66kV 及以下架空电力线路施工及验收规范》8.6.1：导线的固定应牢固、可靠。

【原因分析】

早几天架设好的导线没有及时固定，直接搁置在横担上。据了解，是施工当天没有扎线导致导线没有及时绑扎固定。当天有停电机会，且就在附近，也没有安排导线绑扎工作，说明施工管理落后，没能及时调整作业计划，以便及时绑扎固定（导线长时间直接搁置在横担上，会磨损导线。且如果遗漏了这个问题而送电的话，后果比较严重）。应确认当天工作结束后，工作票上是不是如实填写没有完成的内容，以及有没有汇报给工作票签发人。

【防控措施】

施工作业应做好各项工作准备，如确因各种因素造成部分作业没有完全完工的，应采取措施防止导线等损坏。没有完成工作票上的预定任务，应在工作票备注栏内如实填写，并口头或电话报告给工作票签发人，以便上级补充完善停电作业计划，作出调整，及时全部完成该项目的作业。

案例二十七 作业人员未戴劳保手套

【案例描述】

2017 年 7 月 25 日中午，检查庄浜公变改造调换 0.4kV 线路工程工地。发现问题：作业人员未戴劳保手套，如图 8-28 所示。

图 8-28 作业人员未戴劳保手套

【相关规定】

《国家电网公司电力安全工作规程（配电部分）》2.3.1：作业现场的生产条件和安全设施等应符合有关标准、规范的要求，作业人员的劳动防护用品应合格、齐备。

【原因分析】

作业人员未戴劳保手套，客观原因是天热出汗戴着不舒服，但没有考虑到未戴劳保手套手容易受伤。工作负责人也没有劳动保护意识，未及时制止不规范行为。

【防控措施】

劳保用品的正确使用，是《劳动法》和《国家电网公司电力安全工作规程（配电部分）》明文规定的。要从保护员工身心健康的角度正确引导他们规范使用劳保用品，发现问题及时指出并纠正。要提升劳保用品的品质，使得员工从愿意使用、喜欢使用到必然使用。

案例二十八 拖拉电缆未使用滑车

【案例描述】

2017 年 8 月 8 日上午，检查 10kV 城关 G104 线等线路改造工程（南段）工地。发现问题：拖拉电缆未使用滑车，如图 8-29 所示。

图 8-29 拖拉电缆未使用滑车

【相关规定】

《电气装置安装工程电缆线路施工及验收标准》GB 50168—20186.1.8：

电缆敷设时，电缆应从盘的上端引出，不应使电缆在支架上或地面摩擦拖拉。

【原因分析】

拖拉电缆未使用滑车，主要是机动绞磨动力大，不使用滑车也照拖不误，没有考虑到使用滑车既可省力，又可保护电缆不被损坏。只要机动绞磨拖得动，就没必要工作人员四处安装、使用滑车了。

【防控措施】

拖拉电缆必须要使用滑车，同样道理拖拉导线等也必须要使用滑车。要让员工知道使用滑车既能省力又能保护电缆（导线）。应加强现场指导和督察，发现问题及时指出并纠正。

案例二十九　锚桩设置不牢固不规范

【案例描述】

2017 年 8 月 28 日上午，检查城市建设投资有限公司原莎普爱思地块10kV 线路迁移工程等工地。发现问题：锚桩设置不牢固、不规范，如图 8-30所示。

图 8-30　锚桩设置不牢固、不规范

【相关规定】

《国家电网公司电力安全工作规程（配电部分）》14.2.1.1：绞磨应放置平稳，锚固应可靠，受力前方不得有人，锚固绳应有防滑动措施，并可靠接地。14.2.5.1：地锚的分布和埋设深度，应根据现场所用地锚用途和周围土质设置。

【原因分析】

锚桩设置不牢固且不规范，没能考虑受力大小；技能上也有欠缺，没有正确使用螺旋地锚等受力较大的锚桩，且连接工具、方式、方法都不够规范。

【防控措施】

对诸如锚桩设置、连接和组合使用等技术问题，建议各项目部开展技能学习，互相讨论，共同提高，也可以联系专业主管部门根据需求项目予以集中培训教育，以提升各项目部特别是骨干人员的技能水平。

案例三十 三角铁桩受力错误

【案例描述】

2017年11月2日上午，检查10kV园钟G601线昌北联络线2号杆～8号杆导线、横担调换等工地。发现问题：三角铁桩受力错误，如图8-31所示。

【相关规定】

《国家电网公司电力安全工作规程（配电部分）》14.2.1.1：绞磨应放置平稳，锚固应可靠，受力前方不得有人，锚固绳应有防滑动措施，并可靠接地。14.2.5.1：地锚的分布和埋设深度，应根据现场所用地锚用途和周围土质设置。

图 8-31 三角铁桩受力错误

【原因分析】

三角铁桩方向打错，导致受力面积变小，临时拉线强度降低，主要是施工人员技能素质低下，没有意识到受力面积问题，随手打桩所致。

【防控措施】

加强技能培训和学习，了解临时锚桩的特性、注意事项等，设置临时锚桩前工作负责人应交代设置方案和注意事项，并关注和检查锚桩的设置情况，及时纠正不正确的做法，确保锚桩能够发挥应有的作用。

案例三十一 杆塔上有人工作即调整拉线

【案例描述】

2017 年 11 月 2 日上午，检查 10kV 园钟 G601 线昌北联络线 2 号杆～8 号杆导线、横担调换等工地。发现问题：杆塔上有人工作，下面在调整拉线，如图 8-32 所示。

图 8-32 杆塔上有人工作，下面在调整拉线

【相关规定】

《国家电网公司电力安全工作规程（配电部分）》6.3.14：杆塔检修（施工）应注意以下安全事项：杆塔上有人时，禁止调整或拆除拉线。

【原因分析】

杆塔上有人工作，下面在调整拉线，已严重危及杆上作业人员的安全，但地面人员还是不顾一切地调整拉线，为的是速度快，为了进度就把安全抛在脑后。这是严重违反安全规定的现象，这说明：①冒险蛮干，不顾杆上人员的安危调整拉线；②熟视无睹，工作负责人也没指出并制止，可能还在纵容或指挥违章作业。这既说明工作人员安全意识淡薄，相关安全规定不熟悉甚至不知晓，也说明工作负责人安全交底不严谨、不完善，安全监护工作没有到位。

【防控措施】

对杆塔上有人工作时调整拉线等一类严重违章行为，应加大考核力度予以处罚，同时通报各施工班组，予以警示。

案例三十二 吊装开关未使用滑车

【案例描述】

2017 年 11 月 2 日上午，检查 10kV 园钟 G601 线昌北联络线 2 号杆～8

号杆导线、横担调换等工地。发现问题：吊装开关未使用滑车，如图 8-33 所示。

图 8-33 吊装开关未使用滑车

【相关规定】

《国家电网公司电力安全工作规程（配电部分）》16.2.1：起吊重物前，应由起重工作负责人检查悬吊情况及所吊物件的捆绑情况，确认可靠后方可试行起吊。起吊重物稍离地面（或支持物），应再次检查各受力部位，确认无异常情况后方可继续起吊。

【原因分析】

吊装开关未使用滑车，虽然滑车挂在上面，但下面牵引人员太少，使用滑车后怕控制不住速度。人工配置不足，导致各种险情不断。

【防控措施】

吊装开关（断路器）等重物，建议使用机动绞磨。如若人工牵引，必须配足配齐牵引人员，使用滑车缓慢稳妥地牵引开关（断路器）等重物到位（到地）。

案例三十三　车载灭火器已失效

【案例描述】

2018年2月7日上午，检查中国移动公司华南路口10kV配变迁移工程等工地。发现问题：车载灭火器已失效，如图8-34所示。

图8-34　车载灭火器已失效

【相关规定】

《国家电网公司电力安全工作规程（电网建设部分）》4.4.1.1：机动车辆运输应按《中华人民共和国道路交通安全法》的有关规定执行。车上应配备灭火器。

【原因分析】

车载灭火器已失效，究其原因是未仔细检查（检查记录表上有合格记录）。

【防控措施】

各单位（班组）可落实汽车驾驶员每月至少检查一次消防器材，每年可由各单位（班组）组织相关人员进行一次培训和检查，以确保消防器材完好适用，人员使用（检查）正确迅速。

案例三十四 吊车钢丝绳碰触没有二侧接地保护的低压线路

【案例描述】

2018 年 2 月 10 日上午，检查 10kV 建中 G679 线 35 号杆至衙前北一级支线 1 号杆线路迁移工程等工地。发现问题：吊车钢丝绳碰触没有二侧接地保护的低压线路，如图 8-35 所示。

图 8-35 吊车钢丝绳碰触没有二侧接地保护的低压线路

【相关规定】

《国家电网公司电力安全工作规程（配电部分）》3.2.3：现场勘察应查看检修（施工）作业需要停电的范围、保留的带电部位、装设接地线的位置、邻近线路、交叉跨越、多电源、自备电源、地下管线设施和作业现场的条件、环境及其他影响作业的危险点，并提出针对性的安全措施和注意事项。3.5.1：工作许可后，工作负责人、专责监护人应向工作班成员交代工作内容、人员分工、带电部位和现场安全措施，告知危险点，并履行签名确认手续，方可下达开始工作的命令。3.5.2：工作负责人、专责监护人应始终在工作现场。

【原因分析】

吊车钢丝绳碰触没有二侧接地保护的低压线路，原因是：①现场勘察时没有关注这个问题；②工作负责人没有发现（或者发现了没有制止）；③现场勘察负责人（工作负责人）忽视问题的严重性，没有采取验电接地等安全措施。

【防控措施】

加强对吊车等高大机械施工作业的安全管理，现场勘察时就要关注邻近的各类障碍物，要求采取相应的安全措施（例如停电线路上增挂接地线等），工作负责人必须严格执行工作票上所列的所有现场安全措施，必要时还应根据现场实际情况予以补充完善。

案例三十五 后备保护绳低挂高用

【案例描述】

2018年4月19日上午，检查10kV宏建G605线（10kV新北G620线）1号杆电缆调换等工地。发现问题：后备保护绳低挂高用，如图8-36所示。

【相关规定】

《国家电网公司电力安全工作规程（配电部分）》17.2.2：安全带的挂钩或绳子应挂在结实牢固的构件上，或专为挂安全带用的钢丝绳上，并应采用高挂低用的方式。禁止挂在移动或不牢固的物件上［如隔离开关（刀闸）支持绝缘子、母线支柱绝缘子、避雷器支柱绝缘子等］。

图 8-36　后备保护绳低挂高用

【原因分析】

后备保护绳低挂高用是工作班成员忽视安全规定、习惯性违章的体现，工作负责人和其他工作班成员也没有及时指出并纠正。

【防控措施】

针对后备保护绳低挂高用等习惯性违章行为，应该：①工作班成员加强学习，提升自己的综合技能；②工作负责人和工作班成员及时指出并纠正，形成良好的习惯性遵章氛围。

案例三十六　工程车内随意放置易燃易爆物品

【案例描述】

2018 年 5 月 21 日上午，检查新建 10kV 三久 G270 线 16 号杆～26 号杆架线等工地。发现问题：工程车内随意放置易燃易爆物品。如图 8-37 所示。

【相关规定】

《中华人民共和国道路交通安全法》第四十八条：机动车载物应当符合

图 8-37 工程车内随意放置易燃易爆物品

核定的载质量，严禁超载；载物的长、宽、高不得违反装载要求，不得遗洒、飘散载运物。机动车运载超限的不可解体的物品，影响交通安全的，应当按照公安机关交通管理部门指定的时间、路线、速度行驶，悬挂明显标志。在公路上运载超限的不可解体的物品，并应当依照公路法的规定执行。机动车载运爆炸物品、易燃易爆化学物品以及剧毒、放射性等危险物品，应当经公安机关批准后，按指定的时间、路线、速度行驶，悬挂警示标志并采取必要的安全措施。

【原因分析】

工程车内随意放置煤气瓶，且没有固定可靠，这是驾驶员没有道路安全法律意识和常识的表现。工作负责人和工作班成员也听之任之，没有及时指出并纠正。

【防控措施】

煤气瓶属于易燃易爆物品，装卸运输都有严格的要求和规定，施工人员把煤气罐随意装在汽车上，驾驶员没有加以阻止，工作负责人也没有及时制止，说明交通、消防安全知识需要培训教育。建议专业管理部门收集一些施工中经常发生的相关交通、消防等事故隐患，印发小册子分发给施工人员，以增强交通、消防安全知识和意识，避免类似现象的再次发生。驾驶员应熟知交通安全法规及常识，工作负责人也应知晓一般道路交通安全知识，如超长、超宽、超载、超员、超速、人货混装、易燃易爆危险品及相关货物（如变压器、线盘等）的固定等相关知识。驾驶员和工作负责人都要对各类交通违规现象及时予以制止和纠正。

案例三十七 新立电杆和裸导线亲密接触

【案例描述】

2018 年 6 月 8 日上午，检查横河台区 0.4kV 线路改造工程等工地。发现问题：新立电杆和裸导线亲密接触，无任何绝缘措施，如图 8-38 所示。

图 8-38 新立电杆和裸导线亲密接触

【相关规定】

《架空配电线路及设备运行规程》第 3.2.8 条：导线过引线、引下线对电杆构件、拉线、电杆间的净空距离，1～10kV 不小于 0.2m。

【原因分析】

新立电杆和裸导线亲密接触，无任何绝缘措施。主要原因是施工单位贪图省力，且设备运行单位没有把好验收关，没有及时指出问题并纠正。

【防控措施】

新立电杆处在导线之间，必须采用绝缘保护措施，如使用绝缘子、绝缘杆、绝缘套等进行固定绑扎。运行单位应检查、督促施工单位及时做好这项工作，避免造成漏电伤人事件（至少是电量流失事件）。

案例三十八　安全带系挂在变压器散热器上

【案例描述】

2018 年 7 月 19 日上午，检查钟溪南村 3 号公变补点工程工地，发现问题：安全带系挂在变压器散热器上，如图 8-39 所示。

图 8-39　安全带系挂在变压器散热器上

【相关规定】

《国家电网公司电力安全工作规程（配电部分）》17.2.2：安全带的挂钩或绳子应挂在结实牢固的构件上、或专为挂安全带用的钢丝绳上，并应采用高挂低用的方式。禁止挂在移动或不牢固的物件上［如隔离开关（刀闸）支持绝缘子、母线支柱绝缘子、避雷器支柱绝缘子等]。

【原因分析】

安全带系挂在变压器散热器上的错误之处：①低挂高用；②挂设在不牢固的地方；③极易损坏变压器散热器。客观上有没地方挂设的原因，但主观上还是没有意识到这样挂设的后果。

【防控措施】

安全带（包括后备保护绳）必须系挂在结实牢固的构件上。变压器散热器既不牢固、又不可靠，且极易损坏。配电变压器台架上作业时，可将安全带系挂在电杆上或附近的横担上。

案例三十九 工具随身携带下杆

【案例描述】

2018 年 8 月 13 日上午，检查陆维钊书画院 10kV 配变增容工程工地。发现问题：杆上作业人员没有携带传递绳，工具随身携带下杆，如图 8-40 所示。

图 8-40 工具随身携带下杆

【相关规定】

《国家电网公司电力安全工作规程（配电部分）》6.2.2：杆塔作业应禁止以下行为：携带器材登杆或在杆塔上移位。

【原因分析】

杆上作业人员没有携带传递绳，工具随身携带下杆，这是一种习惯性违章行为。贪图省力是主要原因，在有材料、工具需要传递时随手抛扔，这样极易发生高空坠物事故。工作负责人和工作班成员都没有发现（可能是熟视无睹），更没有制止并纠正，说明现场施工作业人员的整体安全水平和意识都有问题。

【防控措施】

杆上作业人员没有携带传递绳的问题较为普遍，建议将此违章行为列为年度反违章重点项目（每年度列2～3项较为普遍的违章行为），予以重点关注并纠正。

案例四十　松线引绳没有使用滑车

【案例描述】

2018年9月28日上午，检查广联实业有限公司10kV架空线路入地改造工程工地。发现问题：松线引绳没有使用滑车，如图8-41所示。

【相关规定】

《电气装置安装工程66kV及以下架空电力线路施工及验收规范》8.1.7：放、紧线过程中，导线不得在地面、杆塔、横担、架构、绝缘子及其他物体上拖拉，对牵引线头应设专人看护。

图 8-41　松线引绳没有使用滑车

【原因分析】

松线牵引绳没有使用滑车，因为拉绳的人员太少，怕使用滑车后控制不住。但工作人员没考虑到绳子直接搁在横担上，受力后极易损坏（特别是绳子受潮后）。

【防控措施】

牵引绳在杆塔上使用，必须要使用滑车，以减少横担对绳索的摩擦，防止绳索断裂发生事故。要注意受潮的绳索千万不能作为牵引绳使用，因为受潮后的绳索破断力很小，容易断裂。人员较少的话，可将尾绳在电杆上绕几圈，以减少牵引力。

案例四十一　作业电杆上无编号

【案例描述】

2018 年 11 月 13 日上午，检查平果西公变 0.4kV 新南线 1 号杆至新南 A1 号杆等架设导线等工地。发现问题：作业电杆上无编号，如图 8-42 所示。

图 8-42 作业电杆上无编号

【相关规定】

《国家电网公司电力安全工作规程（配电部分）》6.7.5：为防止误登有电线路，应采取以下措施：每基杆塔应设识别标记（色标、判别标帜等）和线路名称、杆号。

【原因分析】

新立电杆没有编号（经指出后临时添加），这也是较为普遍的案例，其原因可能在立杆时未编号，也可能电杆竖立时间已久，或者电杆是其他项目部竖立的，架线时又忘记临时编号，导致新立电杆没有编号。但应确定现场勘察是否发现，以及有没有要求临时编号。

【防控措施】

新立电杆应在立好后随即予以临时编号，如遇立杆和架线间隔时间较长，应在架线前的现场勘察时关注临时编号是否清晰可辨，如有模糊不清的，应在架线前重新予以临时编号，避免架线时电杆没有编号，作业人员无法知晓确切杆号。作业电杆上没有编号，现场勘察时应注明作业前应临时编号，项目经理应负责临时编号工作的落实，作业时使工作班成员能清断正确认明所要作业的杆塔，防止误登杆。

案例四十二 电缆盘压在草坪上

【案例描述】

2019年1月22日上午，检查新城万博小区专线工程新建10号对接箱至环网柜敷设高压电缆等工地。发现问题：电缆盘压在草坪上，如图8-43所示。

图8-43 电缆盘压在草坪上

【相关规定】

《国家电网公司输变电工程安全文明施工标准化工作规定（试行）》第二条：本规定用于指导、规范公司系统220kV及以上电压等级新建输变电工程建设现场的安全文明施工组织与管理，其他工程项目可参照执行。第七条：施工单位是工程项目安全文明施工的主体，负责安全文明施工的具体实施。按照项目法人提出的项目安全管理目标及安全文明施工规划，编制有针对性的工程项目安全文明施工二次策划，提交监理审核后实施。二次策划主要内容：环境保护措施，包括粉尘、噪声控制措施；现场排水和污水处理措施；植被保护措施；施工区域内现有市政管网和周围的建、构筑物的保护措施。

》【原因分析】

电缆盘压在草坪上，主要原因是附近没有合适的存放地点，施工人员贪图方便，保护绿化的意识较差。

》【防控措施】

施工工具、材料等存放，要注意施工文明、安全。千万不要随意堆放在草坪等有损绿化的地方，宁愿自己辛苦点，堆放远一点，但一定要有保护绿化的意识。还要注意道路交通安全，千万不要因为施工作业堆放物资、材料不妥而引发道路交通事故。